LINE社群
營銷實戰寶典

揭開直接輸出方法、公開學習思維、給予有效使用工具

只要持續實作，小白也能成達人

LINE群營銷胖達人

陳韋霖◎著

U0030118

出版序

發現，是故事的開始

台暘控股集團、時承醫養集團、時兆創新公司共同創辦人／**林玟妗（娃娃姐）**

這些年，以閒雲野鶴之心，再度遍遊各方產業。在電子產業 30 年的科技經驗裡，面對的總是全世界頂尖的公司，從製造到行銷，從技術到生產，從硬底子到軟實力，真是一條漫長而艱辛的奮鬥史。

自媒體的興盛、軟體的發展、互聯網的驅動，社群營銷早在中國大陸被掀起一陣浪潮。它，改變了我們的傳統思維。

返臺後，放眼市場看到許多講師，談網路、談行銷、談成功……，這是一片辛苦的大紅海，優秀的講師們都在自己的平臺上奉獻能量、展現能力，總是希望臺下的學生可以上完課之後改變自己、改變人生。

學生們也很認真的到處學習，但是不到數天又歸回原點。返回原來的習慣領域，活入自己的舒適圈，周而復始，不一而足。更重要的是，年輕人早已習慣用 LINE 社群互動交流，提供資訊並學習，LINE 社群的經營與管理成為新世代的顯學。

認識韋霖老師，受邀進入他的營銷社群，我還不習慣這麼多人的社群聚合。每天有時間打開 LINE 的時候，總看到這個社群的數量累積數百則，永居交流冠軍。進入觀摩發現他都非常

認真的在上課，內容非常的紮實也非常豐富，一般行話應說「乾貨」很多。

　　社群內的同學都會固定回應交流，已建立了基本的信賴感。只是這麼忙碌的社會，誰會有時間停下腳步把心放空，進來群內仔細的拜讀內容呢？因此與韋霖老師討論，幫老師開始開辦線下課程，讓所有社群內的同學從線上走到線下來共同學習，並且讓它的內容更有系統的呈現在每個人面前，讓學習和操練能夠交叉進行。

　　俗諺有句話說：「戲棚下站久了才會是自己的。」這也是真槍實彈看自己的功力，是否禁得起考驗。為了更深入的了解，再進去仔細閱讀他的營銷寶典，發現他將每一位老師學習來的精華，很有系統的融合成自成一格的「韋式教材」，成為很豐富也很實用的工具書。因此和他提起，應該把它編成一本有用的書，來幫助更多的人，也可以把它變成更有系統的營銷教學手冊。

　　對老師而言，萬事起頭難，沒有資源、沒有經驗、缺乏資金確實很難動彈。眼見他很認真的在各地方學習，很用心的教學，希望重新再起的願望，激發了我想幫助他的決心，啟動「零元出書」，並且和他協定好，必須在出版前完成一個成功經驗——預售 1000 本以上的書。

　　韋霖老師也非常信守承諾，在完成編輯校稿之後，用自己書裡的行銷策略，做線上線下的成交方案，獲得各方人士的支持與讚賞，在 2020 年耶誕鐘聲響起的時候，我們共同努力達成了

目標。

在此，我必須感謝布克文化的賈俊國總編，成為集團最有力量的編輯部，給予許多經驗的指導和傳承。所有布克文化編輯部的工作人員們，也提供了非常多的協助，讓我們「共享出版」的實現跨出美好第一步。

接著必須感謝時承醫養集團特助詹鈞宇及客服主任怡靜，安排了每一次的線下課程，並且協助老師的後臺作業，讓出版工作得以順利的完成。我們更感謝每一位為韋霖老師寫序的業界老師及前輩們，在你們的提攜下看著韋霖老師成長，跟你們一樣可以協助更多的同學們改變人生。

謝謝繁芸的校稿協力，也感謝每一個支持老師的購書人，你們讓 2020 年的疫情有了最有亮點的休止符，讓知識可以變成一種力量，讓每個看過這本書的人，可以理解成就的背後，都有一個動人的故事，更有許多人默默的付出與耕耘。讓我們透過這本書，看到許多生命的轉變和支持的力量，穿越了時間與空間的界線，讓我們更感恩與惜福。

這個社會有許多值得關懷的人與事，關懷是沒有名字的，機會是需要機緣的，在相遇前，等待就是它的名字；在成功前，承擔就是它的等待。祝福每一個人高高山頂立，深深海底行，雲在青天水在瓶，萬里無雲萬里天，一步一腳印，走出自己生命中的藍天與白雲。

推薦序

學習是永保成功的關鍵

創富夢工場集團執行長／**杜云安**

　　第一次見到韋霖老師，就對這位學霸展現出對學習的熱情留下深刻的印象！

　　韋霖老師是創富教育授證講師，至今超過五年，身為韋霖老師的營銷教練，我見證韋霖老師從金融界的興衰到現在社群營銷，經歷才短短一年多，就可以從不同領域再次興起茁壯，這證明了學習是永保成功的關鍵，他也同時推動了他的班主任學習群，成效也非常卓著。

　　我在中國大陸白手起家，開創教育培訓機構快 20 年，看見大陸社群營銷已經白熱化了，臺灣市場卻尚未跟上。本書以深入淺出的方式說明社群營銷的方法、發展趨勢，以及臺灣產業如何快步跟上世界潮流。

　　現今是 5G 資訊革命時代，電腦與網路的快速發展，促成搜尋引擎、社群平臺、電子商務……等服務興起，改變人們的生活模式。在網路平臺的基礎上，更進一步推動了全球的產業發展，很可能再度引發新一波的創新與變革。

　　韋霖老師透過 LINE 社群的平臺，積極將學習內容的知識精華傳遞給群友；另一方面，也提供不同的視野和詮釋，引領學員

進行更深入的學習，勢必成為臺灣教學融合的契機。本書的字裡行間，我看見一個有理想的學霸，他的用心、努力與洞見，非常推薦給想要在社群裡拿到結果的所有讀者。

推薦序
想把生意做大做強做久，你該看看這個！

若水學院創辦人／威廉導師

不知道你有沒有發現一件事情？現在獲得客戶的成本越來越高了！不管你是投放臉書廣告也好，關鍵字廣告也好，每一次獲得名單或成交客戶的廣告費，都在逐漸被墊高當中。

許多我的學生、朋友甚至是同行，無不紛紛叫苦連天，既不想繼續花這筆永無止境的大錢來燒廣告，卻又害怕一旦停止輸血，業績就會像急診室裡搶救失敗的心電圖一樣，一下子跌到了谷底。

然而，到底有什麼方法才能夠讓企業止血，業務員不用在每月吃「歸零膏」？在我看來，社群行銷正是那一帖靈丹妙藥！是的，不管你從事什麼行業、賣什麼產品，都不該是臨渴掘井，而是有計畫性的去建立屬於這個「議題」的相關社群，高逐牆（價值）、廣積糧（粉絲），這樣子日後才能有你在你所屬的業界稱王的一天。

而社群行銷到底要去哪學？我想韋霖老師是一個很好的學習對象，因為他本身花了巨大的時間去研究社群行銷，而且成績相當不錯！

欣見本書作者韋霖老師，寫了一本如此實用的社群行銷實

戰書籍，相信必能為想要操作社群行銷的人指引出明確的道路，猶如為淘金客們，提供了藏寶圖。

願以此推薦序，祝福本書大賣！不只暢銷，還能長銷！

推薦序

社群營銷的工具書

三一網路科技創辦人／**呂水鴻（大M老師）**

　　非常開心收到韋霖老師要出書的消息，第一次看到韋霖老師是在 2016 年我辦的學習會場上，不只在國內到處上課，後來在大陸也陸續看到韋霖老師學習的身影，他的特色就是隨時隨地帶著一臺筆電，在現場把上課內容打字並且分享到群裡，當時我眼睛為之一亮，怎麼會有這麼認真的年輕人，就在現場作筆記直接邀群抓潛。

　　這本書中，韋霖老師分享了很多這幾年來在社群營銷許多寶貴的經驗。事實上，在大陸社群營銷已經行之有年，但國內使用並不普及，而韋霖老師把這些大陸好用的乾貨收集起來後，集結成冊，推出了這本社群營銷的工具書，我認為每個有在作營銷的朋友都需要去研讀。

　　很高興韋霖老師出版了此書，相信有作線上營銷的朋友都能透過本書邁向更專業的線上銷售。這是一本相當實用、值得收藏的工具書，內容把社群營銷從最基礎到深入，是可以協助想進社群領域的最佳工具，我鄭重的推薦，本書一定會是你的最佳工具書。重要事情講三遍，回去大家每個人有這本書，一定起碼熟讀三遍以上！我保證對你的網路創業生涯會有極大的幫助！

沒跟上社群發展趨勢，未來將無商可務

邁林國際創辦人／江兆君（小M老師）

　　過去時代的產銷模式，就是生產出一種商品賣給一千人；而正在成形的社群產銷模式完全相反，讓一個客戶買一千種商品。跟客戶的關係變得更緊密，把客戶轉變成忠實粉絲，建立長期的情誼，無限延伸客戶的終身價值，這不但可以遠遠降低開發客戶的成本，還能將原本業務行銷的預算省下來，投入在產品研發，提升在領域的創新競爭力。

　　社群平臺在過去二十年來也不斷創新變革，從最早的部落格、個人網站，到輕薄短小的微型部落格，後來又有以親友通訊錄形式創立的 Facebook，現在最熱門的是圖像社群 Instagram。社群平臺的未來發展趨勢一定是成員緊密度、黏度、互動率、內容量越來越高，因此我特別看好如 LINE、whatsapp、telegram、wechat……這些建立在通訊應用基礎的社群，它們都有共同的特色，就是黏性更高，而在臺灣市場中，LINE 絕對是市占率輾壓其他對手的獨占平臺。

　　欣聞韋霖老師出版 LINE 社群營銷書籍，我感到十分看好跟期待，在市面上很難找到 LINE 社群功能及行銷流程方面的書籍，大部分強調在官方帳號的應用，這類的功能比較像是將客服

工作 AI 自動化或做到目錄展示，缺乏社群運作性質。即使目前玩社群的人不少，但是極少人能夠找到方法跟流程讓社群變現，甚至擴展到更大型的商務應用。

　　本書將社群營銷以戰略性思維做為布局，並一一拆解各部分流程，讓新手都可以很容易照表操作，輕鬆走向變現創造商務價值的目標。推薦所有正在經營網路品牌、自媒體、電子商務的個人或企業，都應該意識到社群對未來商務擴展的重要性，趕快跟上才不會被時代淘汰。

急速傳播的資訊世代，需要更多有溫度的連結

國際獅子會臺灣獅子大學教育長／**張呂章**

這個時代唯一不變的就是「變」，因此，每天讓自己心態歸零，持續學習與進步，就是現今世代最重要的事。

國際獅子會創立於 1917 年，迄今已 103 載，其間世代迭興，與時俱進，創新成長，永保長青。近年來，慢慢的從傳統線下「點對點」的公益實體活動，提升到使用線上「點對面」的社群媒體，如 Facebook、YouTube、LINE、Instagram，甚至是大陸的抖音、快手、微信……等新媒體影音平臺，讓社會公益活動也一起跟著多元科技進步，吸引更多相同興趣的人一同了解與參與，讓訊息有了更多的愛與溫度連結。

本書是一本能夠協助有故事的經營者，完成夢想與傳遞溫暖的最佳策略寶典。它不只是一本步驟指引工具書，更多的是協助經營者在最佳情況下管理社群，透過具體方法，打造出最接近自己企業理念的社群，也讓 LINE 社群成員能感受到舒適氛圍的一部實戰寶典。

從建立社群前的正確觀念培養，到實戰經營 LINE 社群的關鍵技術，只要遵循本書的每一步，就能夠拉近您與每一位社群成

員的距離，精準的抓取社群成員的心，最終將您所想要傳達的資訊，成效放至最大。

我認識韋霖老師是在學習的場合，發現他有一個天賦，就是他能瞬間把講師的上課內容打入電腦，變成一份完整又清楚的筆記，讓初學者跟隨他的腳步，容易學習使用，明確掌握基本架構，奠定紮實的基礎概念。也讓熟練者添加高階的實務操作，可說是一位最佳的知識萃取者（IN），也是知識產出者（OUT）。

這是一個數位的世界，而「連結」（Connecting）更是這時代的核心精神。當產品充斥市場時，事物的價值已非產品本身，如何建立廣大消費者的信心，尤其對人的充分信任，更是勝負的關鍵。

這時，社群網路營銷（Social Media Marketing）透過分享提供價值，產生口碑，建立信任，已是一個必要且有效的途徑。

相信每一位讀者在閱讀完這部經典過後，都能學習到最佳的社群經營與技術，並向更多身邊重要的人，分享實戰操作的寶貴經驗，這樣能夠幫助更多的人，也能一起完成共同的夢想！
（Dream Together is our Future!）

現代商戰不可或缺的致勝武器

創業學院院長／**陳炳宏**

如果你錯過了臺灣經濟起飛，錯過了電商崛起的爆發期，錯過了網路所帶出的風口商機，那你一定不能再錯過網路社群所潛藏的無窮紅利！

在大陸創業的 20 年，親眼見證大陸網路經濟的快速崛起與高速發展，回到臺灣就一直希望有這麼一位名師，能指引臺灣建立有系統且完整的網路社群教戰守則，直到認識韋霖老師，看著他實際玩轉社群，手法之純熟，技巧之高超，確實令人折服！

更令人興奮的是，韋霖老師將他這幾年的社群實操技巧，毫無保留對外傳授，並集結成這本書，真是臺灣之福，也是你我不能錯過的一本現代商業必備的工具書！

很佩服韋霖老師對於社群營銷的投入與專業，當許多人還在黑暗中摸索社群營銷，韋霖老師已經建立起一座燈塔指引大家正確方向。你不能再錯過這波社群營銷風口，作為一位在大陸經商 20 年的我，強力推薦韋霖老師這本書，它會讓你少走許多彎路，直奔財富之門！

推薦序

沒有停下腳步，深入研究

營銷文案變現女神／**吳紫寧**

2017 年年底相識韋霖，當時他只是我的一個學員，透過線下的學員聚會，才知道他是一個選擇權老師，在金融領域有專業的高度。不僅如此，別人學了只是在知識層面，而他學習會大量的去實戰，韋霖跟我學習了直複式營銷的文案。

更令人振奮，僅利用了改編的技術，多實現了不是 10 萬，不是 50 萬，400 萬的募集資金。

沒有停下腳步，深入研究，透過了直複式營銷的文案，再深入研究了社群營銷，成為在社群營銷文案獨樹一格，幫助創業者取得戰果。如果你想學習社群營銷，韋霖一定是你最佳選擇！

你的企業與品牌跟上了嗎？

亞洲華人提問式銷售權威／**林裕峯**

　　我身為從事教育訓練機構的執行長，擁有 20 年的實戰銷售經驗，今年更投資 5G 產業，開了一間雲端教育培訓公司，有鑑於此，「LINE 社群營銷實戰」更是不可或缺的能力！

　　韋霖老師是提問式銷售優秀的學員，當時即看出他是一位非常積極具有創造力的人才，從金融領域入行，轉為社群營銷一直在努力積累、耕耘，主動去把握新營銷、新策略、新傳播的脈動，在知識傳播變現方面身體力行，迅速在精準受眾心目中建立專業認知，書中生活化淺顯易懂的營銷方法，不藏私的密技大公開，讓讀者可快速募集精準好友，提升業績銷售力，馬上學、馬上應用！

　　本書顯然是極佳的工具，結合數種關鍵操作心法，為更多的人帶來幫助，我誠摯欣喜的為所有想運用 LINE 社群推廣卻不知道怎麼有效經營的朋友，隆重推薦這本好書！

推薦序
網路時代獲利新法

營建經營管理人研究室主持人／**黃金田**

　　世界上最難的兩件事，一個是如何把自己的知識灌入別人的腦袋，另一個就是把別人口袋裡的錢裝入自己的口袋。作者陳韋霖老師撰寫的這本書，就是解決這兩件事的指南。

　　經過我詳細閱讀了解，發現他寫得太棒了，其理由有六：

1. 掌握時代趨勢，走在時代的前端，是 LINE 社群營銷實戰的導師。
2. 本書是他親身的體驗，是學了以後馬上可以立即實行的寶典，不僅自己可以用，並且可以教導別人。
3. 全書 6 大篇包括 31 個章節，涵蓋了營銷實戰必備條件，大家只要一步一步學習，會帶領讀者跟上時代，而且獲利從四面八方湧入。
4. 善用 LINE 社群營銷經營，不僅粉絲倍增，同時被動獲利不分晝夜，連睡覺都是賺錢的良機。
5. 本書的模式祕訣像是寶藏，學了以後不僅營銷實戰無敵，而且打開人際關係的瓶頸，從此海闊天空，無窮盡享受美好的人生。

6. 本書技巧能學以致用並增廣知識之領域，可以獨善其身，
   亦可推廣於網際網路，天涯若比鄰。

　　在投資領域裡，先投資大腦，再投資商場的資金，才是立
於不敗的環境，所以創意行銷相當重要，成功者定有方法和捷
徑，閱讀本書會給自己建立一個可以實現的目標，並懷著遠大
的夢想去實現，從此自己會更加主動，勇於面對聽眾或顧客，採
取不一樣的思考和行動，人生變得積極樂觀，達到更多成就。

自序
不做社群，未來將無商可談

　　隨著移動網路經濟的到來，我們進入到了一個資訊極度爆炸的時代，每天面對手機上的各種應用平臺，各種各樣的資訊、知識、課堂，它能讓你像神一樣，指向前世今生，包羅萬象。

　　同樣是這個東西，又導致了另外一個時代，那就是一個資訊極度封閉和扭曲的時代，每個人被所謂的人工智慧、所謂的大數據，將會徹底的顛覆自己的認知牢籠，所謂資訊落差就是財富的落差，所以在這個時代裡，誰能把握資訊，誰就能把握時代！

　　現在社群經濟時代已經到來，你準備好了嗎？還是要等到競爭白熱化的時候再進來？

　　有句話叫「木訥和遲疑是謀殺前途的劊子手。」所以哪怕你不參與，也要瞭解什麼是社群營銷，什麼是粉絲裂變，如何抓住社群經濟的風口，好好經營自己的事業。

　　要清楚明確知道，如何利用社群生態價值，給自己的專案賦能，更直白點，就是如何利用社群讓你賺錢及盈利！

　　目前實體店有幾種現象：

　　第一種現象，底層終端收錢很難，創業小白賣貨難。電商開網店了之後，讓一般實體店，每天開門等上門的客戶。一天下

來發現利潤不夠發工資，不夠發店租及水電瓦斯。開店三個月之後，全部熄火，貨全部堆積到銷不出去，最後全部崩塌，店只好關門打烊，這些是不是常態？

第二個現象，有些老闆奮鬥幾年、十幾年，最後發現一個問題，只有自己在奮鬥，自己是業務員，什麼都自己幹，沒有管道，沒有代理，也沒有員工，這也是常態！因為只有業務能力，沒有管道布局的能力、版圖布局的能力。

基於以上現象，如果未來幾個月再不與社群接軌，這些現象不但不會改變，而且會變得更糟，還會面臨以下三個大難題：

第一，錢難收。

第二，你的團隊管道難以建立。

第三，最嚴重的，這種局面一輩子也進不了資本層面，或者說非常難。

回過頭來看社群營銷，它是目前所有網路行銷管道最大的風口。我們所熟知的電商、微商、網紅經濟等等，紅利期已經逐漸衰退，就連實體店、傳統企業也需要運用社群營銷轉型升級，及時更新和擁抱新的模式，不然也會面臨快速倒閉。

所以，唯有利用社群讓自己賺錢、盈利，這才是核心。

只要你持續關注我的社群，在群內，我直接輸出方法，告知真相，學習思維，教你套路，使用工具，帶你直接實操落地。我把這個大的目的，具體解決的問題分成了三個部分，讓大家更加明確。

第一個部分，讓所有對社群認知還在最基礎的個人。

隨時隨地掌握到在群裡貢獻價值及分享的能力，也就是經營群的能力。這個能力是社群營銷模式成立的最底層基礎能力。如果說你自己不具備經營群的能力，所有後續的模式都是空談。

第二個部分，讓你將學會利用社群架構來盈利管道的能力，透過我從班主任學習群提供的乾貨，讓你從單兵作戰變成軍團作戰的能力。

第三個部分，徹底解決糧草問題，也就是乾貨提供的問題，社群最核心的問題是什麼？無非就是人們為什麼要待在你的群裡的問題，也就是在你的群能有什麼價值？有什麼福利？也就是利用我們的乾貨，讓你的群友感受到待在你群裡的價值，這是所有經營社群最基礎需求的層面！

接下來我將給大家介紹社群營銷的具體操作，利用社群讓你的業績增長，實現無痕被動成交，帶你快速建立具有戰鬥力的團隊。

最後，我要特別感謝一位貴人，也是因為有她，才有本書的誕生，也就是娃娃姐。我們是在威廉導師的學習課程中結緣，後續透過我的 LINE 社群，感受到我在社群的價值貢獻，在彼此了解的這段期間，我也時常從她身上感受到一股非常明顯且溫馨的力量散發出來。

當娃娃姐說看到我的才華應該透過出書來提升知名度時，我因為資金的關係而猶豫了，而娃娃姐居然全力支持我零元出

書，所以我才無後顧之憂的投入寫書，也從她身上我得到許多的鼓舞。在我因犯懶停擺之下，即使她在非常忙碌的時候，也會坐下來耳提面命、諄諄教誨，排除一切困難支持我，直到我完成書的內容，甚至是預購數量，我發覺有一股很強的力量在支撐著我的運作，在此真的要特別的感恩娃娃姐。

另外也要謝謝出現在我生命中的導師們，包含創富夢工場集團CEO杜云安老師、若水學院創辦人威廉導師、二岸創業學院院長陳炳宏老師、三一網路科技創辦人呂水鴻(大Max老師)、邁林國際創辦人江兆君(小Max老師)、營銷文案變現女神紫寧老師、亞洲華人提問式銷售權威林裕峯老師……等等。

因為有了這些貴人導師，反轉我的生命，感謝你們！

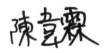

目次

第一章

學會 LINE 社群經營前，先弄懂這 10 招

第二章

如何跨出 LINE 社群經營的第一步？

第一章

學會 LINE 社群經營前，先弄懂這 10 招

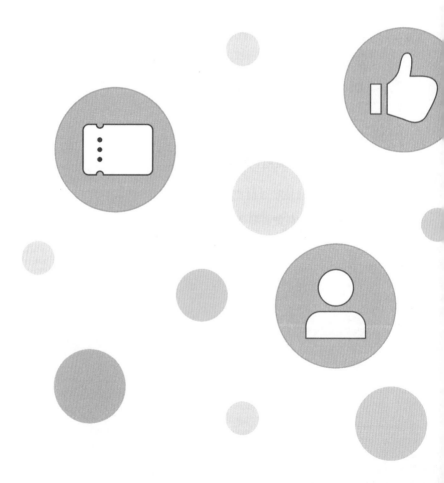

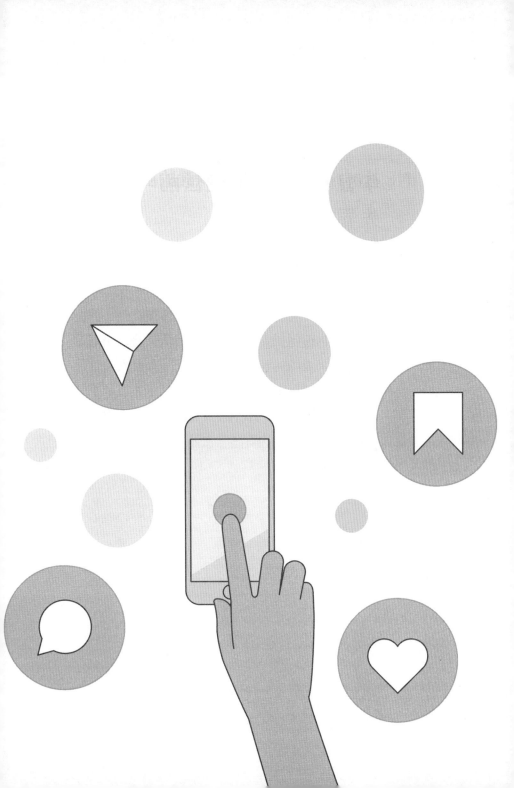

1-1
LINE 社群經營，將是今後賺錢的風口

 LINE 群營銷胖達人陳韋霖

2020 年突如其來的新冠肺炎疫情，許多以前挺過 SARS、網路泡沫甚至是全球金融海嘯的老字號店家，卻不敵此次疫情而紛紛倒閉，這場疫情帶來前所未有的經營困境，讓人不禁深深意識到，現今沒有做線上生意的實體店家幾乎被打趴，淪為嚴重的受災戶！

　　隨著電子商務發展日益成熟，實體店的經營日漸困難，早已成為不爭的事實。2020 年的新冠疫情，更加速實體店必須結合線上交易，才能在市場生存下來的強烈意識，究竟實體店的經營為何越來越困難呢？

🔊 實體店面臨三大經營困境

一、銷售管道越來越多元化

　　越來越多人透過線上平臺來成交生意，當競爭者越來越多時，新零售模式將會取代現有的消費模式，每個人同時身兼消費者與經營者，單純只做實體店來銷售，將難以跟線上的平臺服務競爭，由於線上沒有實體店的經營成本，相對售價一定會比實體店還要低，光是價格競爭，實體店只能占下風了。

二、現代人的消費行為漸漸轉變

　　當實體店面的房租越來越貴，相反的，線上不少購物 APP 越來越方便操作，因此，人們購物行為漸漸從線下實體店移至手機 APP、購物網站……等線上平臺，加上現代人趕時間，連出門購物都覺得麻煩。從疫情全球延燒的現象即可看出，從餐廳、飯店到小吃店都不得不推出外送服務，由此可見，如果單靠客人上門到實體店消費，恐怕是難上加難。

三、實體店淪為體驗產品的平臺

隨著 AI 越來越進步及物聯網時代的來臨，實體店已非人們主要的購買平臺，加上新冠肺炎推波助瀾，加速使人們的工作及消費型態出現巨大改變，當科技已進化到現代人不需出門，在家辦公即可，出門購物、逛街消費的人將越來越少，未來很多人不用出門，即可辦理所有事，由此可見，線上服務已是未來趨勢！

由此可知，線下的實體店即將面臨巨大的挑戰，如果線上及線下再不整合，生意將不易維持，因為，未來的商業型態將從「物以類聚」轉換成「人以群分」的人聯網時代！

怎麼說呢？這句話有兩層意思：

1.   **「物以類聚」**是指原本社會的中心是「物」（產品、商品），是指「人隨物動」。
2.   **「人以群分」**則是指未來社會的中心是「人」，是物隨人動、以人為本的時代到來。

原本的社會結構依照「物品」來分門別類，不過，未來社會將依照「人群」歸類，換言之，相同愛好及志向的人，很容易匯集到一起。

「人」是生意的本質和核心，沒有人，再好的產品也會變成庫存。

　　未來行銷的核心將跳過產品，直接升級到人的階段，不管趨勢如何發展，將發展成一群志同道合、願意一起玩的人，共同打團體戰，因此建立社群勢在必行。

🔊 LINE 社群經營的兩大核心價值

一、留人

　　透過各式行銷手段，甚至是賠上面子，總算把人吸引來了，但是沒留住，是否會感到遺憾呢？下次還會再邀約嗎？如果邀來了，該用什麼方法留住對方呢？如果產品或服務都知道了，卻始終不會下單購買，該如何扭轉乾坤？

　　「價值」的吸引力，遠遠大於商品本身的吸引力，由此可知，先建設「價值社群」，透過「價值」才能留住人，和是否購買產品沒有直接關連，先邀他加入社群一起學習，成為志同道合的朋友，就是社群的一大價值。

二、成交

　　成交的第一步驟是「信任」，第一次見面由於信任度不足，能夠成交可能只占不到 5%的比重，大多數的顧客都是見面三次、五次甚至更多次後才成交，所以很多人相信「堅持的力量」，問題是還沒等到最後，客戶已經不見了，根本還沒有見面三到五次的機會，又該怎麼辦呢？

　　此時不妨用「不同的興趣主題」去吸引他，當他加入社群裡，即可提供不同主題的社群活動內容，每個主題都是與他見面的機會。一回生、二回熟，當互動次數多，弱關係也會變成強關係，冷關係亦會加溫形成熱關係，唯有交流多才有助於互動熱絡，進而達到日後多次成交的機會。

　　LINE 社群經營提供拉近和顧客關係的管道，也是建立信任的極佳通路。只要做足利他、做足輸出價值，每個顧客都會因為信任及喜歡，包括給足面子，進而購買所推薦的商品，甚至可能成為代理分銷商。

　　換言之，學會懂得人性、換位思考，從瞭解對方的需求到滿足對方的渴望，無私的付出，這就是利他。如何讓對方接收到價值？有很多方式和管道，其中，社群即是其中最好、最高效的管道，在 LINE 社群裡，輸出對方感興趣的價值，即是在利他。

　　有流量、有信任、有價值，正好也符合對方的需要，成交將變得相當自然，因此，在現今的社會裡，賣貨是最累人的，如果從「賣貨思維」轉換成為「賣解決方案」，是否變得更加容易？不管是稀缺性還是其他的差異化賣點，才是競爭力的關鍵，因為這個時代，完全不缺產品。然而，賣「解決方案」的前提是，要從潛在客戶的思維角度出發，從利他思維為潛在客戶設想，到底他需要什麼？即是社群的價值。

　　只有提供更多潛在客戶所需要的價值，也同步建立強大的信任感，才能從弱連結晉升為強關係！無論如何，每個人都希望

能透過系統化的支持，幫助大家藉由社群找到並提升自己的競爭力，進而提升業績，做到轉型。

　　若想從社群紅利挖到第一桶金，不妨先界定潛在客戶的群體和他們的需求；學會引流、互動或輸出價值，將會讓業績提升；但是，瞭解打通 LINE 經營的任督二脈，生意才能做得更大、更長久。

產品—引流—養粉—成交—裂變

　　引流的本質：價值（福利、內容）。

　　養粉的本質：輸出價值、建立信任、參與感。

　　成交的本質：認同＋占便宜。

　　裂變的本質：帶著鐵粉一起賺錢。

　　行銷的本質：流量變現。

　　成交＝流量＋運營＋追銷＋裂變

　　總而言之，實際操作才是最重要的，使進入社群裡的每個人因此而受益良多，當然，過程中也必須要執行到位。所以，今後賺錢的風口將是 LINE 社群經營！

1-2
什麼是 LINE 社群經營？

 LINE 群營銷胖達人陳韋霖

> 很多人的問題是，要如何開始 LINE 社群經營？展開從「概念」到「實作」的第一哩路呢？即使是社群小白，若能掌握 LINE 社群經營的原理，即是跨出社群經營的第一步！

「LINE 社群經營」的概念可追溯至「粉絲經濟」，藉由精準定位，特定的主題，努力擴大粉絲規模，再推出針對性廣告，誘使粉絲促進行動，加以購買其產品和服務，甚至參與轉發，藉此擴大影響力，即是「LINE 社群經營」。

得粉絲者得天下！

「粉絲經濟」成立的前提是：
第一、有足夠多的粉絲。
第二、粉絲願意參與 LINE 社群辦的活動。
第三、群主及粉絲們都願意在活躍的 LINE 社群互動。

做到這三點不容易，從粉絲增漲到策劃活動都不容易，即使現在可解決前兩個問題，也會遇到新的瓶頸，也就是粉絲們的注意力轉移。

◀ FB 和 LINE 社群的粉絲差異

LINE 社群經營和 FB 最大的不同點在於，LINE 社群是在有影響力人的組織下，進行多對多的互動；而 FB 本質上還是一對多傳播，大家可以轉發甚至評論，但是 LINE 社群可以「集中」、「連續」加上「長期互動」。

　　每個人 LINE 帳號能加的好友很有限，LINE 只開放 5000 個好友，有的人開始擁有多個私人 LINE 帳號，但多帳號的缺點是，對管理相當不易。所以有人開始嘗試另一種可行的出路：建社群，大量的建 LINE 社群。

　　人是社會性動物，自然有群居的需求，即便是在網路，加入社群也是人的原始本能。

　　建立 LINE 社群的好處相當多，列舉如下：

1.　在群體的氛圍下，大家更容易形成相互感染的衝動購買效應，我曾在 LINE 社群裡協助一位老師開課，在積極的群體氛圍下，在短短十幾天內，成交了 100 多位收費數千元的會員，無需面對面的線下推廣，只靠 LINE 社群經營即可。

2.　LINE 社群經營中的每一份子，皆可藉由直接分享，建立更緊密的聯繫，從中展開線上分享以及線下見面的各種機會，獲得更多直接行銷的機會。

　　舉例來說，我們在每週三晚上固定都會舉辦線下的群友見面會，這個原本是由 LINE 社群名為「吃喝玩樂路演聚會群」的線上群，轉化成每一次皆可經由這個線下活動能成交自己常態的線上課程，又可以和群裡的不同產業對接資源，讓這些社群成員成為這些資源的參與者，或是購買者，不管你用什麼名義，這些線下活動都是可以直接二次行銷機會。

🔊 從「粉絲經濟」到「LINE 社群經營」

如何從「粉絲經濟」轉化成「社群經濟」呢？需要解決一系列實作問題。其中涵蓋三大技術難題：

一、如何把粉絲變成社群？

二、如何維護社群的活躍度？

三、如何在社群中進行推廣轉化？

下面從這三方面，慢慢揭開 LINE 社群經營的神祕面紗：

一、如何把粉絲變成社群？

1. 維護核心粉絲群

對剛開始操作群的經營者而言，不應該一開始就想著如何把粉絲變現，而是要思考如何建立核心粉絲群。

所謂「核心粉絲群」是對經營的品牌或個人有深度認同，大家是彼此坦誠溝通的 LINE 社群。

這種 LINE 社群的特點是，群友們對此社群充滿了關注度，核心粉絲群經過一段時間經營以後，經營者可以開始建立對目標客群的深入瞭解，熟悉大家關心的話題，形成一種群體溝通的次文化（不同的人、不同的社區、不同的產品，次文化可以完全不同），這種次文化有可能要透過經營方式，讓群內夥伴去習慣作法，否則經營者是無法有效管理社群的。要提前維護核心群粉絲，在核心群裡，找到能夠幫助自己經營的鐵粉。

因為做社群經營，沒有鐵粉會出現種種管理上顧此失彼，缺乏支撐點的弊端，也就是完全都是自己在唱獨角戲。

等正式開始經營社群時，這些鐵粉就能做為社群的「群托」，引導社群往良性的方向發展。每當在社群裡發問時，請回覆 1，如果沒有這樣的群托，整個社群就會顯得非常乾，就會很少人願意參與。

核心群的維護，必須設置收費的門檻。因為有付錢的人才會真正對這個社群有認同感，才會對社群有關注度，真要做正事時，核心粉絲群才會力挺群主，最關鍵的是在社群裡，已經對各行各業有所瞭解，可以幫大部分的群友引導業務。如此一來，就可以引導社群的經營，重點是像這種收費群的管理就更加簡單，因為不會有人亂打廣告，自然也不需要花時間去管理社群的秩序，去踢人。

2. 想清楚究竟應建立什麼社群才好？

一個社群在經營起點，得先想清楚建立什麼社群？進入 LINE 社群時，應提前做點什麼？要想清楚這些，先得回答第一個問題：要認識社群是「短命」的！

相信每個人都有加入 LINE 社群的經驗。一開始是激動和興奮的心情，但加入一段時間後，卻發現 LINE 社群裡充滿灌水、洗版、廣告等垃圾訊息，甚至每當談到政治或資金盤時，群友們一言不和，在 LINE 社群裡發生爭執，憤而互罵，甚至退群。

　　至於 LINE 社群的人數最好不要少於 30 人，如果你的經營太少人看到，這樣效益不大，甚至可能還不到三個月，大家便慢慢不再發言，變成一個死群。然而，任何事物都有生命週期，大部分 LINE 社群從成立、興盛、萎縮甚至解散，也類似發展像企業的生命週期，每個 LINE 社群的經營長度長短不一，也許整個生命週期，可能不到一年，所以社群是要有方法維護的。

二、如何維護社群的活躍度？

很多 LINE 社群經營者，也會面臨到另一個不得不正視的問題——「漸漸消亡」！為了增加 LINE 社群的活躍度，減少群友陸續退群的現象，同時阻止大家在群裡，出現一些不注意別人感受的行為，身為群主，必須擁有一些刺激活躍度的方法。

如果從激發活躍度角度出發，一些常見的 LINE 社群經營的方法有：

1. **入群做自我介紹**：提供照片及資源，使群友瞭解新群友。

2. 規定多少天不說話的群友，將從群裡被移除，減少潛水群友。

3. **發乾貨、發筆記**：經由發電子書去吸引群友，增加加入的意願。

4. **分享話題**：把在網上看到的和群主題有關的文章丟到群裡，引發大家觀看和討論。

5. **輪流分享**：讓群友，特別是有一定累積的群友輪流做分享，對群友也是擴大個人影響力的機會。

6. **引入萌妹子**：一般一個社群裡只要有幾個會賣萌的妹子，這個社群就會很熱鬧，這是絕殺。

7. **引入大咖人士**：讓大咖人士為社群加分。

8. **線下聚會**：辦線下聚會也是讓社群活躍的重要手段，因為這是建立真實人脈圈的關鍵，參與的人會對你的社群

更加關注。

9. **定期發福利**：比如紅包，這是無敵的，但是要考慮成本是否值得，平時死氣沉沉的社群，發個紅包大家立馬復活，但也是有不少人領了紅包就繼續潛水。

有的 LINE 社群，帶頭發了紅包後，激起大家互相發紅包，為此還設計出來了大量的紅包接龍遊戲，或請群托一起在群裡作紅包雨的遊戲。

總而言之，在網路時代，大家已習慣 LINE 社群更開放、更沒有等級區分的溝通機制，社群也成為建立網路社群最重要的線上溝通工具。但是如何讓一個社群有生命力又有活力，但不至於缺乏約束，導致聊天洗版，並不是一件容易的事情。

三、如何在社群中進行推廣轉化？

LINE 社群經營如何產生「成交」呢？關鍵因素有二個，首先要有乾貨分享能力，其次是要有建立通路的能力。

舉例來說，網路行銷 IVY 老師找我談合作開課，由於他有乾貨分享的能力，所以我將自己的通路讓他銷售，推廣成效相當好。此外，IVY 老師也有自建通路的能力，也向他的會員推薦了我的課程，我們在一加一大於二的加乘效果下，在雙方的 LINE 社群中，向群友們有效推廣，使整體成交情形非常好，只有短短十幾天，兩人便共同銷售出 180 名的 VIP 收費會員。

由此可見，具備「乾貨分享」及「建立通路」的能力，是社群完成推廣轉化缺一不可的重要關鍵。

所以每個人都必須要有自己的通路。

接下來我就會教你怎麼建立屬於自己的通路。

1-3
所有 LINE 社群都是社群嗎？

 LINE 群營銷胖達人陳韋霖

> 很多朋友問我，到底什麼是「LINE 社群經營」？很多人的作法是，先開了一個社群後，就直接先硬拉一堆人，然後就是狂發廣告文案，以我的角度認為，並不是所有的「群」都可稱為「社群」，很多人的 LINE 社群只能叫做「廣告群」，而不是所謂的「社群」，不是在「群」裡狂灑廣告，就叫做「LINE 社群經營」。

很多人的認知為「量大是致富的關鍵」，於是一進入別人的 LINE 社群裡就瘋狂的發廣告，甚至是每半小時發一次。也許可能會瞎貓碰上死耗子，會有成交，實際上，這種結果可想而知，可能是帳號被暫停使用，甚至是被封鎖，或是最後被群主踢出社群。畢竟進入別人的 LINE 社群，未經過群主允許就亂發廣告，唯一的路就是被踢，若不懂這些規則，亂發文案只是浪費時間而已。

透過線上的社群平臺銷售，和線下實體店有哪些差異呢？

兩者之間的主要差異在於「體驗度」！體驗度低的產品，用線上交易即可，但體驗度高的產品，要透過線下實體店才會好做生意，特別是對金字塔頂端的客戶來說，較傾向於線下進行體驗消費。

實體店生意的未來將需透過線上以社群經營的方式，進而引導到線下，才能帶動實體店的生意。而實體店經營者也應未雨綢繆，開始布局社群經營，才不會被市場淘汰。

試想，現今想光靠一間店賺很多錢幾乎是不可能了，如果經營者有思維、有行動力，應往整合供應鏈的方向去賺錢，才是真正更高層次的賺錢方式。

🔊 LINE 社群經營的定義

什麼叫做「社群」？先定位清楚客戶：不要指望全天下人都成為自己的客戶，只要做好符合自己定位的部分客戶即可，把這一部分客戶利用社群連繫好，建構自己精緻的服務內容。

然而，並不是所有的 LINE 社群都叫社群，不妨檢視一下，看看手機中的眾多 LINE 社群裡，大多數的 LINE 社群是否早已變成廣告群或是死亡群呢？

所謂的「LINE 社群經營」，所建立的社群必須具備一定的作用，LINE 社群成員有共同喜好、需求或者目標集合在一個社群內，並且具有活躍氣氛的才叫社群。

社群經營的五大核心基礎
社群的第一個核心：是「聚合」

前期透過聚集一群有共同興趣、愛好、需求的人在一起，藉由極致的服務連結，然後產生更多興趣相同的人的裂變。等這些都做好之後，賣產品只是順帶的。

生意要賺錢＝一群持續信任你的人＋持續提供解決問題的方案＋持續提供超高性價比的產品。這裡面就特別強調「持續信任」。

社群的第二個核心是：「信任」

因此，生意賺錢有步驟加上先後順序，提供產品只是最後的事情。

此公式是：社群成交＝信任＋消費激勵。

如何構建信任？最直白的即是「持續說明客戶提供解決問題的方案」，其中包含以下幾個核心要素：

1. **客戶**：並不是所有的人都是客戶，我們這裡所談到的客戶，是指共同有某種特點或愛好，或是遇到同樣的困惑……等。

2. **解決問題的方案**：在此社群的群友們，都擁有某種相同的特性或是困惑，再根據客戶所遇到的問題，以自己的特長或能力幫助客戶解決問題。

3. **持續構建信任**：作為生意人必須具備的生意素質，不要試圖欺騙客戶，這個時代的生意，就是「極致的產品、極致的服務」，若能持續透過資源整合，提供客戶更多性價比超高的產品，讓消費者覺得在這裡能得到更多高CP 值的優質產品，為消費者節省更多時間、精力或是金錢。

社群的第三個核心是：「活躍」

所謂的「活躍」即是活動經營，透過活動來幫助實現成交，常見的有團購、線下聚會、搶紅包……等。

社群活動是群內活躍氣氛的重要方式，又或是成員的權益，如果一個群長期沒有活動和交流，群內成員之間就會變得陌生稀疏，沒有歸屬感。

所謂「無活動，不社群」，為什麼現代人要留在社群裡，必須提供價值或福利，因此可以根據自己產品的實際情況，進行有針對性的設計，畢竟天下沒有任何一套完整可複製的方案，更多是提供一種生意的思維。只有自己才最瞭解自己，只有自己才最瞭解自己的客戶。

社群的第四個核心是：「裂變」

這就是消費激勵。經過前期的極致服務，來構建客戶的信任連結，以及社群的活躍，讓更多的客戶進行轉介紹，實現客戶的裂變。

真正的高手，就是透過此方式，實現將客戶轉變成為自己的業務員。

社群的第五個核心是：「資源整合」

持續提供客戶更多超高性價比的產品。如果經過裂變，連結大量的客戶資源，那麼這些客戶就是最大的資源，代表整合其

他產品的籌碼，換來更多的談判條件。

舉例來說，一旦擁有一千個精準粉絲時，那麼即可經由這一千人的資源，加以整合許多產品。由於自己的產品僅能滿足客戶的一小部分需求，然而，他們還有其他的更多需求，如果能夠善加運用，這部分才是真正的後端利潤思維。

想辦法鎖住客戶的終身價值，每個客戶都渴望有一個商家能夠占領他的生活，壟斷他的生活，甚至接管他的生活一輩子！客戶要一直不斷尋找商家也是很累，客戶其實也希望你可以服務他一輩子。

新建一個社群，讓每個想學習的客戶，都一直在群裡學習，未來他只要想到學習這件事，都會想找我幫他服務，甚至連其他的消費都會想要問看看，是否有什麼管道可以拿到更好更便宜的東西。

及早建立自己的 LINE 社群，開始經營自己的粉絲。

因為現在不圈粉，以後你將無粉可圈。

1-4
為什麼要建立 LINE 社群呢?

 LINE 群營銷胖達人陳韋霖

建立一個社群,首先要做的是先確立定位,到底是學習群還是交友群?為什麼定位能吸引目標人群加入?這其實是個大哉問。

很多人建立一個社群的想法很多，比如交友、交換資源、一起共同成長進步，然而當一個 LINE 社群的想法太多時，經營就會變味，為什麼呢？對於成員而言，加入一個社群能得到怎樣的回報呢？有的社群大家會覺得進來收穫很少，既不能收穫人脈，也不能學到乾貨，乾脆退出。

有些人加入 LINE 社群，很可能會覺得收穫很普通，雖然也能學習部分知識內容，但也要忍受很多洗版的騷擾，分散了工作注意力；有些人進社群的動機則是覺得收穫很大，像是一次點破思維的侷限，有些人是在社群裡認識好朋友，有些人透過群主的持續分享而獲得成長，特別是感到受益匪淺的人，深感自己找到了歸屬感。

◀ 建立 LINE 社群的動機

群主因哪些動機而去建群呢？這也是群友加入社群的原因。

一、銷售自己的產品去服務客戶或開發潛在客戶

舉例來說，群主組織一個戶外運動社群，也經常帶領大家進行戶外運動，從中結交很多朋友，把大家都培養的很有向心力，同時也經營一家戶外運動用品店，店內的物品不但專業，加上價格大眾化，社群內的互動越來越密切，也帶動線下的店面生意越來越旺，大家的身體也藉由各種實體的戶外運動而越來越

好，心情越來越舒暢。

　　以上述有共同目標而維護的社群，反而有更大的機會成長茁壯，由於群主提供群友們良好的服務，即可源源不斷獲得老用戶的滿意度，經由口碑行銷形成追加購買的意願。值得一提的是，按時提供線上的教育培訓，將可有效匯集大量的成員向心力，藉此進行分享，銷售產品和提供客戶服務。

二、形成自己的人脈圈

　　不管是基於興趣還是為了交友，社交的本質即是為了構建自己的人脈圈。這是任何職場人士都會極力維護的關係。

　　儘管群主並不是正式組織的負責人，但是他所維護的任何社群，即是希望線上下可以成為一個非正式關係裡面的連結人，獲得連結人的影響力。

　　如果他透過社群成功組織成員進行一些活動的話，就能逐步在一定圈子裡面形成自己的網路影響力。

三、一起學習和分享

　　這種群主是想吸引一批人一起共同學習和分享，構建一個網路學習小圈子。

　　學習是需要同伴效應的，沒有這個同伴圈，很多人難以堅持學習，他們需要在一起相互打氣相互激勵，比如參加考研究所或高普考社群，很多就是這樣的。

四、打造自己的品牌

利用社群的模式，如果能快速裂變複製，有的群主是希望借助這種方式，更加速建構自己的個人品牌影響力。

由於網路缺乏實體接觸，往往使新入群的成員放大群主的能量，形成對群主的無限崇拜，當群主藉由激勵、分享乾貨、組織一些有創意的挑戰活動，並鼓勵大家認同某種群體身分時，最終得以借助成員的規模和影響力，加以獲得商業回報。

◀ LINE 社群有四大類

根據「社群」對個人的價值，可以把社群分為四類：

第一類：價值社群

經常討論大家感興趣的話題，很熱鬧，能認識朋友，甚至舉辦一些線下的活動聚會。

第二類：雞肋社群

正所謂「食之無味，棄之可惜」，感覺在社群裡有時候會發現一些有價值的話題，但大部分是工作騷擾，每當心想退群時，往往又會看到有人拋出一段非常有價值的言論，因此會覺得退出可惜，也有人習慣把社群開著，深怕漏掉哪些有價值的資訊，但開了卻又經常是 70％ 不需要的內容。

第三類：死亡社群

宛如一攤死水的社群，該社群幾乎沒有任何互動，沒有交流與對話、活躍少了、討論也少了，此社群也慢慢開始成為死群。

第四類：垃圾社群

和死亡社群完全相反的是，雖然經常有人貼文，但廣告滿天飛、問候滿天飛，群友們因為種種原因不想退出，乾脆就不看了，等到有需要時再來。

不妨檢視一下自己目前的社群，是否是後面三種社群呢？若已經死亡或是瀕臨死亡的社群，很可能在某一天，群主會將社群轉讓或是直接解散。

假如做商業化的經營，一定要認識清楚，能為別人提供的價值是什麼？比方說 LINE 社群，什麼都不用做，只要堅持發紅包，就有人打死也不走。

但是只出不進、討好用戶的做法未必合適。

要如何在群裡提供價值，作出價值社群呢？後續也會再繼續為大家作分享。

1-5
怎麼把粉絲變成社群 ⋮

 LINE 群營銷胖達人陳韋霖

先前有提過成立 LINE 社群，必須有意識到社群是「短命」的，那麼，如何踏出建群的第一步，才能拉長 LINE 的「存活期」？

　　一個營運良好的 LINE 社群，不管人數多少，都有它的生命
週期，一旦商業價值被發掘得幾乎趨近於零時，維護成本在未來
將超過回報，所以你必須把他們培育成你的合夥夥伴，讓他們跟
你做一樣的事，才不需要持續投資時間，純粹去培育他們。

◀ 應建立什麼樣的 LINE 社群？

　　以我創造的社群品牌「社群營銷魔法群」為例，這是學習
社群，在社群裡授課教大家營銷乾貨，學員參與線上課程之後，
如果感到很棒的體驗，即認可這種福利，並且會在社群裡接受裂
變的指令。等到第一個 LINE 社群接近額滿階段時，再建設第二
個群，依此模式一直裂變下去，甚至開始在社群裡培育出收費班
主任同學，變成做跟我一樣建群的事，自然而然從一般的粉絲晉
升為群主，亦可再拉長他的生命週期。

　　在社群我們平時會做三件事情：
1. 分享日常生活所看、所聽、所聞，但都以正面積極的東
西為主。
2. 不定期分享一些營銷乾貨、精彩好文章及好資訊。
3. 如果有新課程上線，我們會通知群友們，而且會給老學
員提供一些額外福利，很多群友會基於對我們課程和服
務信任，繼續購買。

找到自己粉絲加群的理由！

人是社會性動物，不願意孤獨、獨處，有共同合作的需要，良好的人際關係，為人們提供了交往條件。在沒有網路的時代，人們因種種理由結合成部落、群體、圈子……等各種形態的組織，如今進入了網路時代，興趣相投者自然也有聚集在一起，相互溝通交流的需求。

LINE 社群分享圖文 VS 語音比一比

很多人建群以後，除了用圖文分享以外，也採取語音分享的模式，兩種分享模式有何利弊？說明如下：

以語音分享為例，當分享者一段段分享語音內容時，大多以臨場發揮比較多，有時候會詞不達意，這點是可以提前準備的。而成員的閱聽習慣也不同，有時候，語音一段段的聆聽，就像是分享者只對自己說話，也是很棒的體驗。

語音課程的缺點是，如果每位聽眾都一起發語音資訊，將嚴重形成干擾，所以有的分享過程進行時，必須不斷強調「除了分享者，其他人不能發語音」，群友們皆以文字分享，類似聊天較佳。

相較於語音分享，圖文分享即是把想法變成圖文的過程，有利於思想的組織，品質更高，重點是文字容易保存，但語音便沒如此容易，因此我在分享過程中，更常用圖文分享。

分享內容時，最好要提前準備，在分享過程中複製貼上，偶爾再加上一些精彩觀點打字也行，但你的打字速度不宜太慢，不然就是要全部都先打好才開始分享，分享結束後很短時間就可以提供圖文檔，進行二次擴散。

一部分人喜歡聽語音，一部分人喜歡看文字，也有部分人會兩者同步進行，一部分人則是等到有空時，再把文字內容快速瀏覽一遍。

綜上所述，如果想要做多群分享，考慮內容的整理傳播，用圖文分享模式可能是更好的選擇。小社群經由語音高質量的分享，也被一部分人接受，他們習慣帶著耳機把群內發言在相對完整的時間聽一遍，加上現在語音翻譯技術發達，把語音變成文字的工作量已大幅減少。

如何經營 LINE 社群？

想把 LINE 社群經營得有聲有色，必須包括「內容、招募、活躍、轉化」等四大步驟，分析如下：

一、內容

社群就是圈子，若想建立一個圈子，這個圈子的核心主題是什麼？當內容與顧客的需求之間的黏合度越高，加入圈子的禮包越豐厚，越容易加入自己的圈子。

二、招募

有了內容，如何把人招募進來，通常有五種手段，分別是業務單列、會議招募、活動捆綁、異業聯盟、會員推薦，必須有一套持續的招募方案，才能源源不斷的把精準客戶招募成自己的會員。

三、活躍

加入容易活躍難，用什麼樣的手段讓他與你一直保持高頻率積極的互動？如果沒有一套完整有效的「活躍策劃」來支撐，時間久了，他依然和你玩消失。

四、轉化

雖然是建立 LINE 社群，卻不是為了社群而建 LINE 社群，社群的建立是為了最終轉化四大價值，分別是：

1. 業務成交：沒有成交就沒有後續發展。
2. 會員成長：協助你的學員學習成長。
3. 消費升級：成交要層級化，並且要作追銷及鎖銷。
4. 會員裂變：讓會員成為你免費的業務員及合夥人。

毫無疑問，建立你的社群，招募 100 個合夥人，500 個鐵粉會員，有了圈子，想賣什麼都輕而易舉。

1-6
探討 LINE 社群消亡

LINE 群營銷胖達人陳韋霖

> 當群主創建了 LINE 社群之後，就展開生命週期的循環，宛如人的一生，從誕生的那一刻起，最後都會走向衰退，進而消亡。然而，有哪些原因易造成 LINE 社群邁向死亡呢？

無論 LINE 社群的規模大小，最終邁向死亡前，都有一些前兆可看出端倪，好不容易建 LINE 社群，若出現以下現象，不妨多留意是否已病入膏肓、即將奄奄一息，又該如何補救呢？

一、缺乏有影響力或熱心的群主

無論是定位再好的社群，若沒有人主動管理和維護，也是無法持續 LINE 社群經營。

群主非常重要的工作，便是及時上網關心每個群友，特別是經常社群裡發垃圾消息的人要特別處理，如果一個社群裡經常有人發垃圾消息，當管理員沒有及時處理，這個 LINE 社群便很容易最後淪為死亡社群。

二、LINE 社群缺乏明確的定位

很多社群成立以後，往往快速拉進很多人，結果偏離群主最初建群的目的，整個社群因為缺乏共同的話題和活動連接，最終變成灌水社群。

當群主沒有經常分享有價值的話題時，一旦時間長了，群友們找不到待下去的理由，定位不明確，容易使群友們感到不如歸去，等待下一次衝動再進入新 LINE 社群一探究竟，宛如循環般不停加了又退、退了又加，在不同的社群中穿梭。

如果入群之前，群主能告訴群友加入 LINE 社群的價值和交流機制，對社群的生態反而更好，但現狀卻是，多數人花費大量

時間把自己認識的人加入 LINE 社群以後，卻對社群的主題、定位或分享機制，沒有進行通盤考量。沒有定位，沒有方式，就會產生不了了之的結果。

三、缺乏固定的活動型式

一個有生命力的社群，應有一些固定的分享型式，此分享機制可以存在於入群和後續的分享階段。

最常見的方式是，由群主每週規劃不同的主題，邀請不同群友或顧問分享，每次分享以一至二小時，在約定時間裡，邀請群友們一起交流討論，聚焦在特定的主題，進而建立「集體創作」的印象。

這種分享模式要取得成效，關鍵在於三點：

1. 群主或管理者提前公布分享話題及時間，快到時提醒並通知大家準時上線。
2. 群友們的發言要有規定，避免對主講者發言造成衝擊。
3. 分享後要有人總結歸納分享，布置作業，形成深度。

如果一個 LINE 社群內，大家在一起沒有固定的形式組織，這個社群的生命力很快就會衰退。固定的線下分享會，會使群友們產生身分認同感，也是群友們願意留下的重要理由。而這種身分認同感消失的時候，群友們很可能會選擇退群。值得一提的是，一個社群在入群階段時，設定的篩選和挑戰門檻越高，這個群加入後流失率反而越低。

比如進入「班主任學習群」的要求必須付費才能進入學習，反而群友們更願意遵守規則，維護學習秩序。

四、群主的個性過於強勢

有一種社群是當社群的規模變大了以後，群主為了管理社群，往往訂定嚴格的群規，但是，越是嚴格的群規，越容易引來爭議，因為很多人不喜歡一個網路組織還有太多的約束。

比如，很多群主希望社群裡少一些閒聊、多一些乾貨，不要老是發和主題無關的話題，那麼有的群友們會認為這是一個只聊專業話題的社群，毫無趣味可言，不認同這樣的規矩，他們認為，應有一些輕鬆活潑的內容活躍氣氛。

大部分群主認可社群應可以輕鬆活潑一些，但也有一個尺度的問題，社群規模越大，這個尺度的把握就越難，直到社群不得不建立嚴格的約束。

一個社群的群規，最好是經過群友們的一致討論，才容易遵守，如果群主要推出強勢群規，那麼群主必須比群友們的影響力等級高一層級，獲得遵守群規的心理優勢。

五、群友沒有經常更新

如果一個社群中，當群友們長期沒有更新，那麼，這個 LINE 社群即是走向死亡的開始。我長期觀察發現，任何組織都需要經常換血，LINE 社群也不例外，若一直沒有新血注入，這

LINE 社群往往會走向衰退，而新人的加入，將為社群注入新的
活力及生命力。

六、沒有建立群規

　　有人認為社群是鬆散型的組織，並不存在哪些利益基礎、
無法制度化，其實 LINE 社群哪怕規模再小，也得有規矩，如果
準備長期維護、擴大規模，那麼，設定一些群規相當重要。設置
群規是為了在「活躍度」和「誘發洗版」之間尋求平衡點，若發
廣告的頻率太高，將帶來強烈的洗版感，使群友的體驗感下降。

　　設立群規是為了限制發和群無關的主題，像是發「垃圾廣
告」，或者兩個人在群空間過度聊天，影響別人閱讀體驗，對於
違規的群友們，一般採取的模式是直接公開在社群裡提醒群規，
如果沒看到再私下警告，如果再不收回就直接踢出。如果確定要
踢人，一定要事先約定制度，建立制度最好和群友一起約定才能
遵守，通常首犯要有提醒，再犯就按制度執行，如此一來，操作
較易得到群友的認同。

　　對發垃圾廣告的群友們，廣告騷擾也要處理得當，特別是
廣告帳號，一定要優先踢出；或是勿發請安問候的圖片，各種與
主題無關的鏈接、圖片、文字，都在群規的限制內，避免 LINE
社群充斥過多的無謂訊息。

　　其實，LINE 社群並不是完全禁止廣告，而是要透過群主在
社群裡推廣，藉由群主的背書，廣告才會有效果！不過，畢竟有

利益驅動，傳統做法是先跟群主談合作，避免自己一進別人的 LINE 社群就不停貼廣告，對新入群的朋友，歡迎提供自我介紹及價值貢獻，當新人入群時，群主需要時時提醒，才不會違反群規。

以上六個原因，即可涵蓋正常社群消亡的原因。

一旦 LINE 社群進入消亡期，很多群主和群友們會認為，大部分的社群對自己是雞肋，最後常選擇退出或是解散社群，不過，也有一些人再去加入新的「好」社群，或選擇自行建立新社群。

另一種情況是，群友們也不退出，繼續留在這個社群裡，他會看看這 LINE 社群能不能帶來價值，如果觀察一段時間以後，感到這個社群完全不能給他帶來想要的東西，他就會在這 LINE 社群裡搗亂，例如發一些廣告訊息，完全不在乎是否會被踢出，或是亂發廣告，期盼拿回一點沉澱的時間成本。

大部分的群主，若不經歷這些糾結的過程，企圖在別人的經驗，基礎上快速超越，其實是做不到的，但是知道別人的做法，自己會少走很多彎路，依然是巨大的價值。

1-7

如何利用 LINE 社群經營進行有效推廣呢？

LINE 群營銷胖達人陳韋霖

很多人在建立社群之後，往往易陷入不知如何 LINE 社群經營的情境裡，進行有效的推廣，造成空有廣大粉絲，卻遲遲無法轉化出商業價值的瓶頸，造成進退兩難的窘境。

有些朋友建了一定規模的 LINE 社群，卻沒有能力產生價值，如果已有通路，卻沒有乾貨分享的能力，不妨尋找有乾貨或有產品的夥伴合作，轉嫁群友的信任，讓他直接在 LINE 社群裡推廣，將 LINE 社群內的成員轉化為有商業潛力的小團體。不過，這些轉換該如何完成呢？

◀ 與人合作經營 LINE 社群業績推廣倍增

為了保持 LINE 社群的活躍度，平常就要分享，若乾貨不夠也沒有時間和精力，可借助其他資源來協助；如果有乾貨也有產品，建議主動參與別人的通路，透過分享讓大家更加熟悉，最後巧妙引出自己可提供的產品或服務，進而完成導購。

但是，若想完成導購程序，必須注意透過大家關注的話題，誘發出大家的興趣，才能推出乾貨內容，在 LINE 社群借助群體的興奮度，完成導購的效率將非常高。

並且獲得一批想要學習的精準用戶，他們對於長期提供的服務產生深度認同，只要上完課的同學們受益匪淺，也會口碑相傳，帶來源源不絕的轉介紹。

推廣的模式列舉如下：

一、藉由乾貨分享，推廣自己的產品服務

進而引導購買，比如在群內讓其他老師介紹他們的知識，有興趣的朋友可以購買課程學習更多。

二、組織群友們參加某活動，借助群體的力量，讓第三方付費或是更低價

比如群友來店享八折優惠，即是展示群體力量的一種方式。

三、組織群友購買會員服務

讓免費群友們試聽一次課程，進而加入付費會員，讓部分付費會員交更多錢，上更高費用的課程，對願意報名更高價課程的群友而言，是快速篩選人脈品質的方式，後續即可更深入的提供服務與價值。

◀ LINE 社群群主經營必知三大眉角

一、將服務玩到極致

未來的 LINE 社群營銷，就是經營某種議題，並且將此議題玩到極致的人，唯有把服務玩到極致，便能成為此社群的代言人，未來要推什麼都相對的容易，但能把服務做到這種境界的人太少，能長期堅持做到就更難了。

二、此社群必須有共同愛好

如果 LINE 社群內的群友們沒有共同的愛好，只不過把大家拼湊在一起，是不存在社群聯繫的。例如，「班主任學習群」連結大家的愛好是社群營銷，邀進來的群友們都是願意參與學習的

人，熱愛學習是此群的共同愛好。

三、提供穩定的服務輸出

LINE 社群經營若想穩定發展，一定要為群友們提供穩定的服務輸出，比如我在「班主任學習群」堅持每天發一則乾貨，不停的分享。換言之，如果社群的精神領袖不能提供乾貨輸出，社群的聯結將會分崩離析，沒有精神領袖的社群很難持續下去，比如社群一年都沒管理，也不出聲來關心群友，那麼此社群還可能存在嗎？

如果建立的 LINE 社群，若能滿足以上條件，即可操作社群推廣。

◀ 社群推廣一次到位的九大必勝關鍵

根據以往的實務經驗，社群推廣若想一次到位，必須考慮下列關鍵：

一、提前準備

乾貨分享模式要邀約分享者，並請分享者準備素材，特別要注意的是，分享者應分享對大家有啟發的內容。至於話題分享模式要準備話題，並就話題是否會引發大家討論進行小範圍評估。

二、反覆通知

如果確定是週三晚上八點分享，應在週一提前在社群裡多發布幾次消息，提醒群友們按時參加，否則很多人因工作，而錯過消息或錯過活動通知。

在預告的過程中，要將內容清楚地傳達群友們知道，才能吸引到想要的精準粉絲。當時間快到之前的半小時，最好能再讓群托在社群裡互動！

預告時間，確定好了討論的主題，並寫好預告之後，接下來就是發布預告，告訴學員什麼時間點來參加討論，一般需要進行三次預告。前一天晚上的 9:00-11:00、第二天中午的 12:00-13:00 以及討論開始的前一小時，這三個時段是經過多次測試後，發現較合適發布的時間。

三、強調規則

每次在 LINE 社群分享前，都會有新朋友入群，新朋友往往不清楚分享的規矩，在不合適的時機插話，容易會影響嘉賓的分享，所以在每次分享的開場前，都需要提示規則，避免規則提示被很快洗掉。

四、提前暖場

在正式分享前，應該主動在 LINE 社群說一些輕鬆話題，或是發發紅包，引導大家上線，增加社群的關注度，進入交流氛

圍，一般社群上線的人越多，消息滾動越快，會吸引更多人順便看看。

五、介紹嘉賓

如果是乾貨分享模式，分享者在出場前，建議需要主持人加以引導，介紹他的專長或資歷，使大家進入正式的傾聽狀態。

六、誘導互動

不管是哪一種分享模式，都可能出現冷場，所以分享者或者話題主持人都要提前設定互動誘導點，而且要適當留點耐心，等待別人打字，很多人是用手機上線，打字不會太快。如果發現缺乏互動，需要提前安排幾個群托，趕緊炒熱氣氛，尤其是開場時帶動一下氣氛，整個 LINE 社群便活絡許多。

七、隨時控場

有時候，在分享過程裡，難免會出現有群友亂入自己的問題，或者提出和主題無關的內容，此時群主最好和該群友私聊，引導這些群友們服從分享秩序。

八、收尾總結

分享結束以後，引導大家就分享做總結，甚至鼓勵他們去 FB 或 LINE 貼文串分享自己的心得，分享也是社群經營的關鍵，

更是口碑擴散的關鍵。

九、提供福利

　　分享結束以後，針對堅持留到最後或用心參與的群友們發送一些福利，不管是發紅包或送電子書，都將有助於吸引大家下一次繼續參與到最後。

1-8
LINE 社群經營如何讓業績增長十倍？

LINE 群營銷胖達人陳韋霖

現代人的目光都聚焦在手機上，只要能吸引眼球訊息，即是財富的來源。尤其是 LINE 社群，多數人都停留很多時間，但多數人只把 LINE 當成聊天工具，殊不知 LINE 的社群價值有多大？善用 LINE 社群經營盈利思維，讓業績增長十倍非夢事！

在現今最夯的 LINE、Wechat、FB、IG、YouTube……等各類社群媒體裡，Wechat 雖然在華人世界的使用者最多，不過，臺灣人使用 LINE 的普遍性最佳，比起 IG 及 FB 更為即時，因此，透過 LINE 社群做為社群經營的工具，唯有利用它不停創造價值，最終離產生財富就不遠了。

🔊 LINE 社群經營連結價值極大化

人和人之間的連結，只有一個真相：那就是「利用價值」！社群是在於透過線上連繫所有粉絲，搭建優質搜索和訊息發布功能的平臺。

LINE 社群經營的整體架構，從經營到銷售，共可分為三大流程：

第一階段：吸粉引流

任何商業行為在啟動前，最重要的是先要有流量，而社群最重要的流量即是粉絲，因此，操作社群前必須先吸收粉絲，因為粉絲是 LINE 社群經營最重要的核心。

在這階段裡，先瞭解如何透過文案去「吸粉」、「抓潛」到「引流」等步驟，再學會如何玩社群，從怎麼寫出吸粉抓潛文案、如何製作有效的魚餌、如何與塘主合作，甚至找出合適自己的魚塘……等，實現從別人的魚塘吸引粉絲，最終進入自己的魚塘。

第二階段：社群承接

　　儘管目前各大社群平臺皆可做流量承接，但我認為 LINE 在臺灣的使用率最高，因此，經營社群我首推 LINE 社群，透過吸粉文案，將粉絲們導流至 LINE 社群，只要能集中火力把流量導入 LINE 社群裡，再慢慢經營，粉絲們就是這些魚兒，即是專屬的魚塘。

　　在此階段當中，最重要的是流量承接之後，必須要讓這些魚兒待在 LINE 社群獲得價值，更要有福利可拿，他才會想待在群裡，因此必須提供群友適合的價值輸出，甚至福利活動。

第三階段：通路裂變

　　當 LINE 社群透過不斷地輸出價值成交後，對群主的信賴感一路增加，需要透過這些粉絲幫忙進行粉絲的裂變，讓群友的人數變得越來越多，甚至越來越多的經營「群」。

　　由於粉絲的數量即是財富的數量，必須格外重視，透過群友推薦群友的方式，讓粉絲大幅裂變。

◀) 懂得應用社群盈利思維兩大直接好處

　　分析如下：

一、擁有源源不斷的流量

　　尤其是精準流量，任何人都可以打通社群盈利的任督二脈，

不需三個月，也可以完全擁有源源不斷的精準流量池。

二、永遠被精準客戶追著成交

　　從應用社群盈利思維至今，從來不是追著客戶主動成交，也不需與客戶多說一句，全部是被動成交，只要你能理解兩大賺錢的底層邏輯，即可逐步打開社群的任督二脈，永遠不缺精準流量。

借助社群盈利思維，揭開兩大賺錢底層邏輯面紗

第一大底層邏輯：賺錢公式

　　賺錢＝產品利潤 × 流量 × 成交率

　　賺錢只是結果，但是，這個結果究竟從何而來呢？所有賺錢的祕密，只圍繞在此三元素罷了，為什麼很多人學了一堆技能卻不賺錢？學的只是周邊或僅止於表象，這三者之間有何關連呢？為什麼是這三個板塊呢？

一、產品的利潤

　　基本上，大部分的產品專案，但是，極少數人擁有設計產品利潤的能力，以及產品布局的能力。

　　如果用社群盈利思維解決，讓任何產品都能擁有比之前沒有設計布局的時候，高十倍的價值，能不能多收十倍的利潤？當

產品的利潤提高十倍，流量及成交率不變，就增長了十倍？

二、流量

假如現在產品利潤不變、成交率不變，運用社群盈利的玩法，把流量擴大十倍，是否可增長十倍的業績呢？

三、成交率

如果產品利潤不變、流量不變，運用社群盈利的玩法提高成交能力，成交率從 1% 上升到 10%，是否會增加十倍的成交率呢？

任何一個板塊，只要通過社群盈利思維，都會得到至少十倍的增長。

增加產品的附加價值

虛擬價值，就像線上乾貨即是虛擬價值，沒成本、利潤高，在這個環節裡，任何產品、店面、專案都適合，社群是提供虛擬價值最好的載體，這個價值對於每個人都不一樣。

舉例來說，若我開一個線上課程向學員收 99 元，他在社群裡聽了賺錢思維或勾魂文案，感到很有收穫，請問這個學習群對學員的價值是多少呢，只是 99 元嗎？相信他所獲得的是遠超過99 元的價值。在他的心目中，他對這個學習群的認知，未來價值又會是多少呢？

　　換言之，在 LINE 社群裡提供群友們物超所值的價值，當他得到時，會不會再去邀請他的朋友進群一起學習呢？一旦透過價值貢獻，客戶便願意幫大家持續不斷的裂變，等到有 100 個類似的付費社群時，到底意味著什麼？

社群的價值是「倍增」，
社群本身就是「利潤的增長點」。

　　如果是經營實體店，是否可透過經營社群，加以提高附加價值？如果我們在群裡有很多朋友願意把自己的前端產品提供出來當贈品，用來增加我們產品的價值，可以是提升一倍價值，可以是五倍，甚至是十倍都沒有問題。

關於流量

　　流量又可分為非精準流量、精準流量以及付費流量，如何持續找到精準流量並放大十倍？從大流量池、精準流量池到付費流量池，透過一開始的大流量池去貢獻價值，慢慢篩選出到精準粉絲進入精準流量池後，再透過成交方案，進入付費流量池，一步一步的作成交推進的動作，周而復始，做流量是一輩子要經營的事。

成交率

真正的成交無需成交，這句話的前提是有「產品內容」和「流量」兩大核心，若此兩個都做到極致，也沒有成交困擾，再次強調的是，成交不是一個點，而是整個流程，只要透過信任感的推進流程，而不是只依靠優秀的銷售口才或是漂亮話術，才能達到成交。

因此，成交是結果，成交的工作是全過程。換言之，有流程設計，就無需成交。沒有流程設計，成交也沒用。所以，必須知道所謂的成交流程。

第二大底層邏輯：人性

「人性」是所有的賺錢思維中的唯一解藥，其中弄懂這個關鍵，都會成為該行業的高手。這個人性問題邏輯點是什麼？

所有成交的唯一前提是：相信！

只要相信了，任何產品都能賣出去，一旦相信也進而促進會成交。

由此可見，使對方「相信」，任何東西都能賣得出去，若始終不相信，即使是和田玉，也只能賣出白菜價，所以經營相信是所有賺錢邏輯的核心！那麼，如何經營相信？

「相信」是由兩個最主要的點組成————「價值」、「能

量場」，提供對群友們有用的價值，以及不斷疊加人的能量場。社群是最好的載體，經由社群來建立相信是最容易的方式。

最後的總結是，如果學會運用「社群盈利思維」來經營生意，將可不花一分錢、還能一邊賺錢、一邊被動吸引巨大的精準流量，最多只要三個月搭建起來，透過以上三點，社群能提高業績十倍以上，至於建立「信任感」則是成交最重要的事，畢竟經營任何產品專案，都會成為被動成交的高手，絕不主動推銷。

賣產品只是表象，賣相信才是真相；相信是來自於「能量場」和「價值」的持續輸出，任何生意的前面，都能加上社群，任何生意加上社群，都能瞬間放大十倍，社群可以滿足所有的人性需求，只是所有主動的成交方式，注定要追著客戶跑，因為，真正的成交無需成交。

1-9
如何運用 LINE 社群經營引爆新零售

 LINE 群營銷胖達人陳韋霖

人和人之間的連結，在於雙方之間保有利用價值，所以，這輩子想要活得有光彩，若不想看別人的臉色過日子，只有一條路，那就是努力提升被別人利用的價值。然而，如何藉由社群引爆新零售，進行商業整合，更是一門學問。

　　很多人抱怨沒人脈，事業難以拓展，但如何和所有人建立連結呢？一旦具備被別人利用的價值時，即可為人所用，而這份關係不管是人脈或金錢關係，很多人來找我合作的原因，皆是因為可利用我所建立的社群資源，進行商業整合。

🔊 缺流量？先弄懂社群價值

　　不管生意大小，生意人只在意一件事，那就是賺錢之前，是否必須有流量、是否有客戶資源，換句話說，若缺流量，藉由社群的價值來補。那麼，第一步該怎麼做呢？透過 LINE 社群經營的方法便能辦到！

　　LINE 社群經營到底是什麼架構呢？如何打通內部所有邏輯？前端、中端、後端各扮演什麼角色呢？未來該如何布局？尤其 2020 年又遇上新冠疫情，生意更難做，代理很難找，客戶超級難找，然而，「找客戶」不只是業務員天天要做的事，也是各行各業老闆面臨的難題，無論是傳統企業或是新興產業，如果不學習利用社群去整合線上及線下的所有資源，想要擁有量大而優質的客戶群體，幾乎只是緣木求魚。

　　展開 LINE 社群經營的第一步，對未來會產生什麼好處呢？

1.　對一般人來說，透過 LINE 社群經營，可連接直達任何圈子。

2.　對企業而言，LINE 社群經營可持續獲取量大且精準的

客戶名單。

3. 對創業者來說，學習增加流量、建立社群，快速積累自
己的魚塘。

很多讀者會問：到底什麼是社群？社群的本質只有一個，
那就是「工具」，但究竟是什麼工具呢？當社群全部架構組合在
一起時，即是大工具，也是連接器，其作用即用來連接人和社
群，經由 LINE 社群來連接粉絲們和優質內容，連接產品和客戶
的簡單功能，一切回歸商業的邏輯。

到底該怎麼連接呢？下列四點剖析：

一、關於社交邏輯的拆解

社群的本質即做為社交用途，社群只是社交的工具平臺而
已，該如何展現它？

一般人只用 LINE 做為溝通或打發時間的工具，但是已有越
來越多人在 LINE 社群做生意了，若只在 LINE 裡聊天、發早安
問候，其實相當可惜，實際上，只要掌握一些眉角，經由 LINE
社群即可賺錢。

使用 LINE 社群經營有項重點，也就是你的「帳號」是
值錢的，因為透過提供價值，讓用戶對你產生信任感及關注
度，讓你的帳號變得越來越值錢，也就是大家對於自己的 IP
（IntellectualProperty）認知是什麼？自己的 IP 是否讓人知道，
這個人是誰？會產生什麼印象呢？

個人 IP，可以理解為他人為你貼上的個人符號標籤，所以你得先打造你的個人 IP。

打造個人 IP 有什麼好處？

1. 更低的認知成本

減少別人瞭解你的過程，不需要花費更多時間、精力和金錢。

2. 更好的信用指數

快速獲取別人的信任，網際網路再發達，產品再優質，用戶最終還是回歸人性。喜歡、信任、支持、服務、支付是不變的法則。

3. 獲得更多的利潤

同樣的產品和服務，你可以賣的比別人貴。

4. 更多的話語權

真相往往存在於權威人士的嘴巴裡，你說的話大家願意聽，願意相信，這就是價值。

無論是任何發言、貼圖都會得到關注度，可惜的是，很多人並不重視，一進社群就是狂轟亂炸或一次群拉機器人進群，總是想省事、走捷徑、一次到位，殊不知把自己的 IP 品牌全搞砸，

實在得不償失啊！

　　寧可累一點、工作量大一點，也要去塑造自己的 IP 帳號，讓大家認識自己，這麼做主要在追求兩個字：「信任」。因此，後續在 LINE 社群裡加好友時，必須將他的名字標註清楚，到底透過什麼管道認識，若不做完整記錄，時間一久，肯定會忘了他是誰。

　　在 LINE 上的所有好友中，都必須要有價值，而不是到處亂加人入群，每個 LINE 好友，皆可透過 LINE 社群經營，再進一步認識，讓他也認識自己，這是關於社交邏輯的拆解。

二、關於商業邏輯的拆解

　　「一切流量行為，都是為了商業服務。」經營流量的目的是為了做廣告，把想要的資訊內容廣而告之，除了強調自己 IP 要引人關注之外，各位群友們也要有心理準備，進入了別人的 LINE 社群，平常經常得到別人的價值，對方同時也會在他的 LINE 社群進行銷售，若能在別人銷售時，參考瞭解他的成交方案，也是一種成長。

　　如果對方的成交方案有獨到之處，自己亦可留下使用，反觀自己的 LINE 社群，也不能讓每位陌生人進社群灑廣告，雖然對方說廣告免費、只是資訊，但能讓他灑嗎？畢竟哪個免費活動沒有後端，哪個文案沒有廣告主呢？必須認知到所有的廣告文案都有其目的，建立社群所取得的流量，也是為了商業而服務。

　　千萬不要以為只是純社交的美好景象，因為所有網路的社交產品、交友平臺或陌生人、熟人社交平臺，最後都是為了服務商業及廣告，所以，不要以為到別人的社群亂灑廣告，就可以得到預期的效果，而是事先和群主談好合作，才能去別人的 LINE 社群打廣告！

為什麼社群可以適應未來新零售的邏輯呢？

　　簡單拆解，大家最終為了賺錢，為了成交，怎麼才能成交？還是得回到二個字，也就是「相信」或是「信任」。

　　東西再好，不相信也沒用，所有成交的前提必須是「相信」，那麼「相信」怎麼來的？相信是透過培育而來，透過一段時間培育而來。總之，有一個培育的過程，有一個前提是你得先接觸，如果你連這一點都接觸不到，你怎麼去培育？所以要有接觸點，接觸點最前端就是魚塘和流量池，也就是我們所說的，用社群來作承接載體，那麼社群是什麼東西？

　　社群就是從解決流量池的步驟，一直延伸到最後成交。接觸點魚塘引流、培育、信任到成交，整個流程皆可利用 LINE 社群經營一次到位。

　　藉由「吸引」促成被動化成交，只要把社群經營的好，無論什麼樣的產品，都能實現被動化和自動化的成交。

　　從商業邏輯上來講，未來的每個企業、每個品牌，主要是

做零售這一類的，必須加上社群，必須加上社群商業架構的玩法，如果你不懂社群商業架構，在未來，你的生意是很難做的。

三、關於經營邏輯的拆解

LINE 社群如何經營？經營邏輯該怎麼設計呢？其重要核心即是通路占領、流量占領及精準流量占領。透過「班主任學習群」，讓每一個想經營社群的朋友進群做社群的學習，學習以後自己開群，相當於公司體制裡的總經理，去管理自己的公司一樣。

四、關於內容邏輯的拆解

在每個系統專案裡必須有內容，從平常開始持續地穩定增長裂變，取決的關鍵在於先進來的那批人，對整個內容非常認可，明白的人只要一聽內容，即瞭解在做什麼，「內容邏輯」是整個 LINE 社群經營的靈魂和真正背後的核心。

1-10
LINE 社群經營萬能公式

⋮

LINE 群營銷胖達人陳韋霖

> 世界首富的祕密，即是擁有最多的粉絲，透過 LINE 社群經營，將可達到有效沉澱粉絲，將不再只是理論，而且是能夠現學現賣、終生受惠的技術。透過後續的萬能公式，將會更瞭解如何實作 LINE 社群經營的所有環節！

所謂「讀萬卷書，不如行萬里路；行萬里路，不如名師指路。」LINE 社群經營是一項全新的銷售趨勢，只要真正學會實際操作後，漸漸會得到心得及感悟，那麼，LINE 社群經營的萬能公式究竟是什麼呢？

第一步：別人的魚塘

不管做任何生意，最初都是沒有客戶，不管是賣實物產品或虛擬產品如服務，第一個所面臨的問題一定是「客戶從哪裡來」。實際上也無需過度操心，只要客戶真實存在，便能藉由 LINE 社群經營將他轉變成客戶。

以賣籃球為例，客戶到底是誰呢？也許有人會認為是那些在籃球場上奔跑的籃球愛好者，但是又不可能到籃球場去抓這些人來買籃球，那麼該怎麼解決這項困擾呢？

一旦知道這些人是籃球的長期使用者，只不過今天還不是我們的客戶，原因是他已經在別人的魚塘裡。像是賣籃球服的服飾店、賣籃球鞋的運動用品店，他們的客戶也將會是精準的潛在目標客戶，關鍵是如何將別人的客戶轉換成為自己的客戶呢？

第二步：抓潛

「抓潛」的定義即是抓住潛在客戶！試想一下，當魚塘裡都是潛在的目標客戶，這時候，應該要怎麼做，總不可能用徒手下水去撈魚吧？釣魚時，需要什麼配備呢？必須要打造令人無法

抗拒的「超級魚餌」，若能推出「利他的超級魚餌」，將是更極具吸引力的必勝心法。

「利他」是指 100％為對方設想，提供對他有用且利益最大化的資訊或服務。千萬要記得，並不是站在自己的角度出發，而是從對方的立場去設想，也就是「換位思考」。為什麼要站在客戶的角度呢？

舉例來說，高爾夫球俱樂部會員是一件很有價值的產品，對老闆級的客戶而言，可能是個很棒的魚餌；但是對一位農夫來說，恐怕完全沒有吸引力！

或是一隻小白兔想要用紅蘿蔔來釣魚，魚看了不但生氣，甚至跳出來告訴牠：「再用紅蘿蔔釣魚，我就揍你！」由此可見，此魚餌並不是站在對方的角度。然而，魚餌該如何設計，才能符合利他的有用方式呢？首先，想找到精準魚塘，必須先針對不同魚塘，採取不同的策略才不會徒勞無功！

有些魚塘可以免費投魚餌，但有些要先經過塘主的同意，必須要花錢買客戶，不過只要投入與產出符合效應，無論是付費或免費都沒關係，重點是有機會賺錢。因此，去找到有互補性又不至於產生衝突的魚塘，經由塘主加以借力，槓桿他的通路，發揮借力使力的效果！

舉例來說，賣籃球的小明開了一家店鋪，此時他是新的店家，過去從來沒有客戶，除了天天開店等客人上門之外，不妨試試看去別人的魚塘借力看看吧！先從網路搜尋每個月銷售籃球

服以及籃球鞋銷量一萬筆以上的店鋪，與老闆談合作，只要表明自己賣的是籃球，彼此之間的產品並不衝突，但客戶族群卻相同，先取得對方信任，證明自己並不是同行，而是可以藉由異業合作，共同創造雙贏的利潤。

那麼，試著先寫一封銷售信提供給對方，若日後寄貨時，連同籃球銷售信一起寄給客戶，每封信幫對方分擔部分郵資，以後賣出籃球的包裹內，也可以免費幫對方放相關推廣資訊，如此一來，若找 10 個店鋪的老闆談合作，肯定能談成 4 個以上，因為多數店家只做前端，卻沒有後端的追銷！

殊不知在龐大的數據庫裡，有幾萬、甚至幾十萬的用戶們，重點是只要願意放利給對方，也不會跟他產生互斥效應，再將信的末端留下匯款資料，當客戶看完信，如果想買籃球，便能直接匯款，此封信即可寄到精準客戶的手裡。

除此之外，還有哪些魚塘可借力呢？

答案是非常多！例如：若在 FB 搜索「NBA」相關的關鍵字，不難發現一堆籃球愛好者的帳號，那麼，這些粉絲們是否跟目標客戶很匹配呢？肯定是，那麼，儘早寫一封銷售信，並付廣告費給這些籃球愛好者，在銷售文章的最後，只要留下匯款帳號即可。為了增加直接購買的意願，甚至再寄一張優惠券，或是把 NBA 的精彩影片，剪輯成「十大精彩過人」、「十大精彩扣籃」等影片，然後在影片的最後留下聯絡方式，例如 LINEID 或 FB 帳號……等，再大量上傳到各大影片網站，請問是不是會有愛好

者主動加入訂閱呢？

　　抓潛的方式非常多，不管是線上或線下皆相當實用。抓潛之後，很多人會急著想成交，此時千萬別如此猴急，因為，一切的成交都建立在信任的基礎上，因此，接下來談談如何培養「信任」。

第三步：培育

　　在「抓潛」和「成交」之間，需要藉由「信任」這座橋梁。

　　很多朋友經營實體店，首先面臨的第一個問題就是缺乏流量！該如何去找流量，又要如何找呢？

　　以美業來舉例，如果先建一個「美業 LINE 社群」，整合大家的資源，於是，先到美甲店尋求加入，當然，告訴對方是免費的，加入後 LINE 社群中可以發布自己的廣告資訊，如此一來，有助於接到更多訂單，請問老闆是否會想加入？答案是肯定加入，於是美甲店老闆又去找美髮業來加入，再找紋眉業加入。值得一提的是，在借力的魚塘中，常用的技能是「虛擬籌碼」。

　　於是便很快能集滿各家美業老闆的社群，她用心協助大家串連資源、跑腿，很快在 LINE 社群裡展開連接，此時便會出現一件奇妙的事情，也就是 LINE 社群裡的老闆們互相產生了化學變化，一旦出現了訂單的連接，此刻心裡會感謝誰呢？肯定是這位 LINE 社群群主，加上她在這些人的心目中，並不是廣告商的形象，可以預期他們為了感謝她，日後若在 LINE 社群偶爾推薦

一些產品，請問 LINE 社群中的群友們是否會支持呢？

擅用共用價值、培育信任，最後成交便自然而然發生了，也就是說，培育的核心心法是：「提供用戶貢獻價值」。

第四步：成交：銷售過程中最重要的一環

「做生意不賺錢，就是耍流氓。」如果自己都不賺錢，該怎麼確保為客戶提供更好的產品或服務呢？

在 LINE 社群，如何做到輕鬆成交？透過我自己的親身實戰，總結了幾種不同的策略，這些策略可歸納為成交兩個心法。只要弄懂了心法，即可在心法的基礎上不斷演化。

心法一：成交率比成交金額重要

第一次成交客戶時，一定不要一開始就出現賺他很多錢的想法！不妨最早先成交一筆小金額，先拉進彼此的信任感，畢竟最初的成交目的是為了「成交率」，至於前期成交的目的是為了增加信任感，也是為了後續「追銷」鋪路，最終目的是獲取客戶終身價值！

因此，一開始只賺一點或持平，甚至虧本，先擁有客戶都無妨，記住有句名言：「前端打平或虧錢，後端賺大錢！」不過，也可能有人會思考，做生意為什麼還要虧本？

其實試想一下，如果願意先虧本讓客戶進來，透過後續的追銷及鎖銷，不斷促進對方重複購買消費的意願，難道還會怕賺

不到錢嗎？

　　近兩年最火熱的「補貼經濟」，也成為現今大公司的行銷主流，也就是賺錢思維裡的「換算思維」。

心法二：成交要階梯式成交

　　什麼是「階梯式成交」？由於第一次成交並非利潤最大化，甚至是虧本先擁有客戶，但是，因為很輕鬆讓客戶享有優質的產品和服務，更獲取更好的信任，下次再賣東西給對方時，已經擁有信任感，因此更容易接受，並且這些用戶都已經邀進 LINE 社群，也不用再投入獲取客戶的行銷成本，也代表著日後追銷產品或服務，即可獲取更多利潤，還擔心一開始為什麼要賠錢作生意嗎？

第五步：追銷：獲取客戶終身價值

　　「追銷」的概念對很多店家來說，不理解原因也沒有打通任督二脈，更不充分理解「追銷」的價值，總是把客戶的終身價值拋諸腦後，長期以來，不少店家老是努力地尋找新客戶，不過，成交結束之後呢？最常見的情形是不再後續連絡，也是一般企業最大的誤區。

　　各行各業很多都重複此過程，空有一堆舊客戶資料，不去做追銷，卻努力一直開發新客戶，殊不知開發新客戶的成本，竟然是維護舊客戶的成本三倍以上。一旦有舊客戶的「追銷」思維

後，將會發現客戶的終身價值立刻倍增，並且不用花多一分錢廣告費，即可多賺以前的五倍利潤，是不是很神奇？

「追銷」有幾項策略，贈銷、捆銷、搭銷、鎖銷、增銷、緊急追銷……等，其中最厲害的一招便是「鎖銷」。「鎖銷」是「鎖定客戶多次消費的策略」，也就走進後端消費。

第六步：裂變：打造自動迴圈的賺錢機器

LINE 社群經營萬能公式的最後一步，也是最重要的一步，因為經過這步之後，過濾下來的都是你的鐵粉了，不管做任何行業，人人都需要有鐵粉用戶，否則會經營得很累。但是，裂變該怎麼做呢？

總結裂變的終極祕訣，即是「6 個字、3 個步驟」的裂變──**誘餌、病源、行動。**

利他的誘餌：

顯性（具體能看見的利益──轉發我就送你什麼）

例：**轉發本文案就送你《208 個吸睛標題電子書》**

隱性（心裡層面的需求，如身分、驕傲、同情、民族、情緒、情感共鳴、虛榮、存在感、參與感等等。）

例：這個文不轉發，你還是臺灣人嗎？

病毒散播源：

借力別人的群，或是他的動態朋友圈來散播，否病毒無法擴散。

行動的方式：

主要是靠轉發，是得靠誘餌。準備一個目標受眾想要的誘餌，投放出去讓別人看見並感染。

例：發到你的朋友圈，只要朋友圈有三個人按讚，我就送你一本價值巨大的電子書。

掌握在 LINE 社群裡的六字裂變 DNA 序列，實際操作 LINE 社群，成為「玩群達人」！

第二章

如何跨出
LINE 社群經營的第一步？

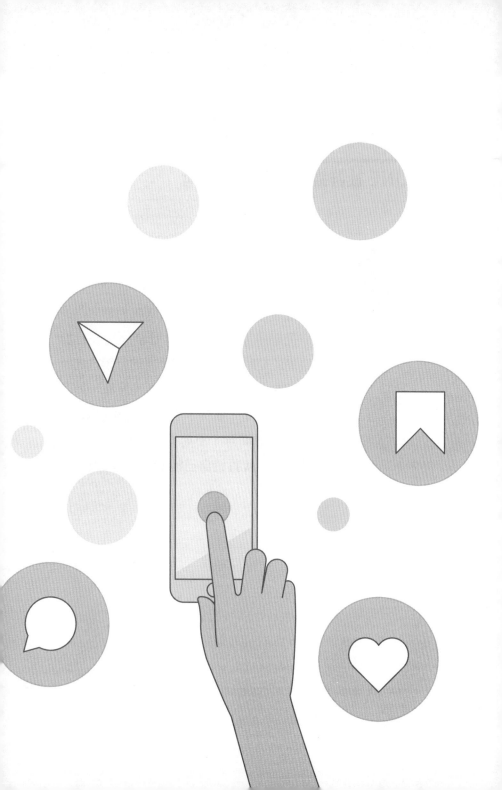

2-1
LINE 社群經營零基礎入門術

LINE 群營銷胖達人陳韋霖

> 談起「社群經營」，是近年來相當熱門的
> 一門顯學，不過，LINE 社群經營在社群
> 經營的範疇中，是更加新興的行銷方式，
> 即使在全國的大專院校中，也沒有一所商
> 學院開設這一堂課。因此，瞭解 LINE 社
> 群經營的觀念，不妨從零基礎入門術開
> 始，一步步打造自己的 LINE 社群經營之
> 路。

想做好 LINE 社群經營，即是「從養魚到賣魚」的過程，所謂的「魚塘理論」即應具備魚塘、釣魚、撈魚、魚鉤、魚餌、抓潛、群托等基本元素；每個 LINE 社群即是魚塘，只要建群之後，把社群內的群友們當成魚兒，群主即為塘主。接下來先介紹「魚塘理論」的基本元素，分別詳述如下：

◀ 魚塘理論六大元素

自從 LINE 成為現代人滑手機停留許多時間關注的社群平臺時，每個人手機中的 LINE 裡，幾乎都有琳瑯滿目的社群，很多人會問，如何邀朋友再加入新的社群呢？實際上，只要透過吸粉文案，讓有興趣者進入社群，此動作又稱為「釣魚」，經吸粉文案而入群者，都是確定看過內容才選擇加入社群，因此，較能精準地找到潛在客戶。

另一種情形是，沒有透過「吸粉文案」的步驟，直接邀 LINE 中的好友到新建的群裡，又稱為「撈魚」。「撈魚」和「釣魚」最大的不同在於，較不易精準地找到潛在客戶，像是當使用廣告帳號開社群時，若廣邀 LINE 好友加入，一旦當被邀請的人並不認識這位撈魚者時，被亂加社群很可能造成這位群友在社群裡惡作劇甚至翻群，所以，以撈魚方式來建群時，必須較「釣魚」更加謹慎。

如果深怕「撈魚」易有出狀況的未知風險，不妨就使用「魚

鉤」，也就是用「邀請條碼」，來邀陌生人入群。而文案的最後能放個「魚餌」，即是提供贈品或禮物，例如在群裡邀群友們再廣邀好友加入，只要在文案寫下：「如果你加入社群，就送一份《思考致富》的讀書心得。」這份電子書即是魚餌。

再者「抓潛」是指抓取潛在客戶，成交前的關鍵步驟；「群托」則是樁腳，負責在社群裡幫忙炒熱氣氛，可以找你的好朋友，甚至可以再多開一個俗稱「小號」的分身帳號來使用。

瞭解「魚塘理論」之後，接下來的實務操作，還可以加上一些低成本、高效率的實用工具，以及「養號」的安全事項，才能事半功倍。

◀ 工具與養號

俗語說：「功欲善其事，必先利其器。」玩社群也是相同的原理，若想讓營運產生更高效的產出，工具的選擇也非常重要，如今工具已代替過去的人力成本，既省事省時又簡單高效，加上成本也低，有哪些工具在 LINE 社群深受歡迎呢？

轉發的好工具：超級 LINE ＋破解 LINE ＋自動點擊器

社群的重點在於裂變，列舉低成本且高效率的工具如下：

若邀朋友進社群，首先第一個是轉發文案，加入很多社群後，要加群內的群友，但一個一個加，是不是會有點累人呢？

工具一、超級 LINE

「超級 LINE」可協助加好友，只要進群以後，群內的人員都會直接成為好友，再加上使用自動點擊器，即可輕鬆許多，但要小心使用以免被封鎖。

工具二、破解 LINE

除了超級 LINE 的使用之外，還有另一種「破解 LINE」，雖然沒有自動加好友的功能，但可以突破轉傳好友十人以上的限制，一次可以轉數十個，甚至到數百個人或群，不需僅限十個、十個傳，相當省時省力。

工具三、自動點擊器

自動點擊器只要設定好後，會自動作勾選，方便作文案的轉發，無需你一個一個點擊。

除了這些簡單的工具以外，日新月異的科技也不斷推陳出新，有很多 LINE 社群使用的機器人，有新進群後機器人會幫你打招呼，甚至可以標註全部群友的 TAGALL 指令，還有反翻群的功能等，這些都是在 LINE 裡很常見到的工具，都是協助管理LINE 的工具。

設好友標籤

只要加入社群，在社群裡添加對方為好友時，記得要設定自己看得懂的標籤，例如在哪個社群加人，建議在這群友名字前面加上社群名稱，甚至他買過什麼課程、加入什麼收費會員⋯⋯等，都要記得加註標籤，讓這些人只要藉由關鍵字即可直接搜尋找到人，日後方便直接用工具一鍵群發，會更加省時省力。

因此，加好友的重點維護皆可重新設定，只要加進來的好友，別忘了備註清楚，未來才方便搜尋及轉發文案。

海報製作

有時候，一頁式的宣傳海報比文字的表現更佳，不過，若海報要請一位美編或外包給設計，長期下來也是一項不小的成本。很多商家規模較小，若有一些工具可直接簡單操作，例如有一款免費的 APP 是「天天向商（稿定設計）」，快速又方便製作出一頁式的宣傳海報。當然有些功能必須付費來解鎖，如果要達到我的要求的話，另外有一些進階軟體，這款工具也比較簡單，半小時之內幾乎可上手。

注意安全以免被封鎖帳號

操作 LINE 社群時，依然以謹慎至上，輕則被限制發言，重則被封鎖帳號，一旦被封鎖帳號，這個 LINE 帳號就報銷了。

有很多 LINE 帳號是用來發廣告做行銷，如果過分行銷時，

便容易被人檢舉濫發廣告或色情，甚至被當成騷擾行為，如果太多人檢舉此帳號時，就會被封鎖。所以，操作 LINE 社群，必須避免一些雷區，否則一旦封鎖帳號，前期所花的心力都白費了，一定要注意這些安全的行為。

當加好友時，如果頻繁地進行加人的操作，LINE 的官方便會進行限制，例如暫時無法加人及退人，連發訊息也是，如果在短期間內大量發送訊息，也會造成暫時被禁言，也就是你無法再發任何訊息出去，有時候這只是短暫的被禁言，但如果做得太誇張，甚至會被封鎖帳號，所以任何動作都不要操作太頻繁。

如果要加好友，最好是分批加人，不宜一次加太多人，最好每次限制在 50 人以下比較安全，最好能有多幾個帳號，因為我們在作社群裂變的時候，常常會加好友加到滿，目前每一個帳號可以最多只能加 5000 人，必須再創一些分身帳號。

搭配轉傳發訊號＋群托粉絲號＋廣告帳號

除了使用主帳號發送訊息以外，建議最好可以安裝「破解 LINE」發訊號，方便進行大量的轉傳作業，甚至再加開「群托帳號」及「粉絲帳號」。所謂的「群托」就是在社群裡去作主帳號的回應工作，以免社群裡只有群主自己講，若群裡沒有太多人回應會冷場，因此，若有一個群托帳號來跟群主互動，效果會更好。廣告帳號則是發一些廣告使用，建議能再多三個帳號來使用，效果更佳。

2-2
新手掌握十二招玩轉 LINE 社群經營真 easy ⋮

LINE 群營銷胖達人陳韋霖

> 經營粉絲，必須要經營社群，重點是自己要當群主。但是當群主之前，必須知道怎麼去別人的社群玩轉社群，只要熟練了「玩轉社群十二招」，新手也能變達人！

　　隨著 LINE 社群越來越多，身為新手，該怎麼玩轉圈子？透過 LINE 社群經營實現「交朋友、談合作、賺到錢」等三個目標，最後再透過和 LINE 社群的互動結交很多群友後，即是抓潛的目標對象，過去兩年來，整理出下列十二招，只要操作熟練後，便能輕鬆掌握 LINE 社群經營的所有眉角。

一、進入一個圈子後，第一時間發自我介紹

　　通常被邀入社群時，身為新人，為了讓大家有好印象，在第一時間內也會得到很多關注，因此，一進社群先展開自我介紹，此自我介紹要表達到讓 LINE 社群內的群友想加好友，所以要多寫一些價值。

　　例如「報我的名字買高鐵票 85 折」、「認識我，第一堂課免費」、「認識我，測量身體指數免費」……等，先展現自己的價值，但不建議第一次入群即介紹商品，這樣很容易引起不好的觀感。

二、把群內的所有人加為好友

　　不管社群的大小，進 LINE 社群後再私下加幾十、上百個精準好友並且加上標籤，不過也要注意，是否有群規是不得加好友的，要遵守群規才不會被踢出社群。

三、加好友後在第一時間自我介紹

　　真誠的友情來自於主動的自我介紹，儘管一開始在入群時，已做過自我介紹，不過在群裡的介紹是輕薄短小，若私加好友後，可發稍長的自我介紹，包括你是誰？你有什麼資源？你有什麼需求？當這三點發給對方之後，再告訴對方：「很高興認識你！這是我的自我介紹，期盼日後多多交流。」主動加好友之後，說不定會突然找到需要的客戶或合作夥伴。

　　一般在大群裡，不適合放太多關於自己的業務，容易被群主認為是不停洗版，所以大群裡多談自己的價值，私下加為 LINE 好友後，才能多介紹自己，但切記依然不要過度介紹商品或服務，在還沒有很瞭解彼此時，效果通常很有限。

四、進入群下載所有記事本資料並將群置頂

　　一個成熟的社群，在記事本裡都有很多來自大家分享的乾貨，可全部下載後進行深度學習，並把這個社群置頂，如此一來，就不會錯過此群內的精彩資料分享！

五、每天露臉一次

　　在各種社群媒體裡總有一群人是經常不出聲、不露臉，這種情形俗稱「潛水」，不過，潛水並不會在社群裡引起大家的關注，因此，最好能夠每天在 LINE 社群露臉一次，畢竟在網路時代裡，大家都沒有見過面，如何在圈子裡經營信任及好感度呢？

心理學有句名言：「**行為的重複變成習慣，習慣的重複會變成思想的高速公路。**」也就是說，在社群裡不停地出聲，即是不斷重複，如此一來，便容易被別人記住，進入他人的潛意識中，進而使別人相信！

那麼，該如何在 LINE 社群中露臉呢？只要每天在 LINE 社群裡說說話，讓群友們在 LINE 社群裡天天都有印象，如果有固定的時間更佳，因為固定的時間加上不斷的重複，便能形成強大的心錨，一旦心錨建立，別人也養成了習慣，由此可見，每天在 LINE 社群中露臉，即可在群友們的內心慢慢建立信賴感。

六、每天在 LINE 社群分享有用新知

在 LINE 社群中，常有一種人平常不露臉，但一出聲便是貼廣告，這是最不受歡迎的。要打廣告之前，別忘了先和版主打聲招呼，否則一貼廣告後，不但沒有效果，更容易留下壞印象，反而得不償失。

相反的，若經常在 LINE 社群中貢獻價值，無論是有用或好玩的資訊，在 LINE 社群的所有人看到分享，而不是打廣告，漸漸就能建立起大家的信任感。

七、參加 LINE 社群各活動不吝即時分享心得

LINE 社群經常會辦許多活動，有時是線上會議，有時是線下的實體聚會。只要曾經參加過的活動，記得在第一時間內寫下

心得，為何要這麼做呢？因為，以最快速度分享心得，所有成員都會看到，如此一來，更能加深大家的印象。如果發表的文章對社群有用，群主一定會同意，此刻在最後放有 LINE ID 的文章，即可吸引新的粉絲加你好友。

八、任何問題或需求皆可即時 LINE 社群求助

雖然 LINE 社群內的成員不一定有機會幫上忙，不過，當遇到困難或提出需求時，至少會帶來三點效果：

1. 群友們會感受到自己對 LINE 社群的信任。
2. 雖然看似將問題拋向 LINE 社群內提問，其實也是宣傳自己的方式，並且宣傳得很巧妙。
3. 每個人都有他的獨特優勢，也許問題一提出，LINE 社群馬上有人可以解決，那不是一舉兩得嗎？

舉例一：

我曾在 LINE 社群公眾承諾，如果沒有瘦下去要理光頭，所以在 LINE 社群裡提出：「完了，我的體重一直下不去，再這樣下去要理光頭了，誰可以救救我呢？」

沒想到在 LINE 社群發出之後，好多人提供試用品或各式各樣的減重方法，立刻感到社群內成員們的關心，令人備感溫暖。

舉例二：

　　如果正好有保險的需求，亦可在 LINE 社群裡發問：「請問有誰從事保險業？我剛好有一份需求……」立刻會收到很多人提供資料，也不用自己去比較，直接整理規劃保單內容。由此可見，LINE 社群的威力非常大，只是如何發揮實際效果，而非單純連絡感情罷了。

　　善用社群的力量，與其上網找半天也不知服務品質、口碑好壞，不如在 LINE 社群中發問或尋找資源，很快會得到協助或給予建議。

九、跟 LINE 社群的家人們玩「槓桿互推」

　　如何才能得到精準的粉絲呢？只要善用「槓桿互推」的原理，想得到精準粉絲並不難！但需要跟群主談合作，並且讓群主作槓桿互推模式，當自己被對方邀入他的 LINE 社群以後，對方主動向群友們介紹自己，對方的群友們看了以後，直接將他們對群主的信任感轉嫁到自己，立刻增加群裡對你的信賴關係，馬上就會有精準客戶。

　　原因是什麼呢？陌生人和朋友之間的差異在於「信任度」，陌生人很難互相推薦，但是經過群主的推薦，信任度就不同了，被群主邀入群時，雖然和 LINE 社群裡的人並不相識，但群主已建立跟群友信任的橋梁，因此，「LINE 社群的群主」便是大家相互信任的橋梁。

比如被我邀進群裡的新人，讓我作個槓桿互推模型，因為我本來與群友已有基本的信任，只要我互推一下，原本的群友對於新進的群友都能直接增加信任度。

槓桿互推模型如下：

你發下對方的介紹（對方名字＋推薦他的 1 個理由＋對方 IP ＋加他暗號），再配上對方的個人 QRCODE。

例如：今天韋霖老師推薦個新同學給你認識，她叫 TIFFANY，從事美業很久了，她超厲害，明明已經五十好幾了，看起來卻不到四十歲，你找她打理你的儀態，包準讓你老公的小三逃離他，因為你變得太美了，推薦你加她好友，也可掃碼加他（代號：逆齡美魔女）。

這樣互推一下，如果每個群主幫你導流 30 個準客戶，10 個群主就能帶給你 300 個準客戶，比起自己去陌生開發容易多了。

十、每天透過電話聯繫 LINE 社群的一個成員

由於在網路上相識，若要見面不是那麼方便。當然如果見面方便會更好。見面不方便又該怎麼辦呢？

電話就是非常快捷有效的方式，不但可以每天聯繫一個人，只要幾個月即聯繫完一遍。在電話中可直接談合作、資源整合，

2-2 新手掌握十二招玩轉 LINE 社群經營真 easy

因在網路上的交流，已經建立了信任感，所以更容易在電話上促成合作！

　　既然 LINE 社群裡已經有一大堆客戶和資源，結果還跑到外面去開發客戶，這不是本末倒置嗎？在社群裡大家有信任度，直接打電話哪怕只是聯絡感情，每天撥個電話交一個新朋友，對後續肯定都會有幫助。

十一、積極參與 LINE 社群線下活動

　　經過時間的累積，群主好不容易所聚集的人氣，若不參加太可惜了，大家一定要找機會見面。俗話說見面三分情，一次見面勝過通十次電話！行銷界有句名言：「能見面的不要用電話，能打電話的不要語音，能語音的不要簡訊。」這句話很值錢，怎麼說呢？如果群內有一些線下活動、聚會，只要能參加，一定要第一時間報名參加，「一次見面勝過十次電話」，信任度直接提升到最高。

　　原因是什麼？因為「真實帶來信任，信任帶來成交！」

十二、主動跟 LINE 社群的版主發生連結

　　雖然群主大多非常忙碌，但要記住他也是人。雖然他是意見領袖，但是，只要做到「換位思考」，若希望群主滿足自己的需求，不妨先滿足群主的需求吧。

中國崇尚禮尚往來，先滿足對方的需求，對方自然也會滿足自己的需求。如果對方是大咖，若能多方滿足對方幾個需求，總有一天他就會來幫你了！要記住，會哭的孩子有奶喝，千萬別躲在牆角自怨自艾，他看不到又該怎麼幫呢？

所以，要與圈子的大咖為友，只有這三步：

1. 主動滿足圈子老大需求。

2. 重複第 1 個步驟幾次。

3. 要求圈子裡的老大幫助你。

LINE 群主即是一個影響力中心，所以滿足群主一切需要，肯定會帶來很多好處和資源。

俗話說：「皇天不負苦心人。」只要用心加上主動，一定能和有影響力的群主建立起深厚的友誼。雖然說進入到牛人的圈子已經算是初次搞定他了，但要牛人經常為你所用，那你還是得多按照上面三步曲。

玩轉社群後，跟群裡的群友交情到一種程度後，在後續作抓潛時就簡單許多。

2-3
找到「定位」的兩大方法

⋮

 LINE 群營銷胖達人陳韋霖

想將 LINE 社群經營得當，必須掌握「建群、經營和轉化」此三大要領，以及清楚人性畫像，想找到精準客戶並不難。

經營 LINE 社群的過程，就像自身是一個養魚戶，必須先有自己專屬的魚塘，慢慢把魚養大之後，最後才能透過賣魚賺錢，完成一次又一次的商業價值轉換。

🔊 建群經營和轉化

第一步要建自己的魚塘然後往裡面放魚苗，因為只有建立魚塘，有了魚苗後，不斷地讓魚苗長大，最終才能夠賣魚賺錢，而建魚塘、放魚苗的過程，對 LINE 社群經營來說，即是建群的過程。

第一階段：先有魚塘及魚苗

接下來即是養魚，整個過程便是 LINE 社群經營。

第二階段：思考如何透過社群的經營

接下來魚兒長大了，也到了收穫的季節，也是來到賣魚賺錢的時機，此過程即是 LINE 社群經營；唯有持續且長期經營 LINE 社群，才能不斷使潛在客戶產生信任，而且持續在此買單。

第三階段：轉化

任何銷售該如何賣出高價，多數人希望更多的人來買魚以外，是否還希望讓已購買的老客戶能持續重複購買呢？甚至讓更

多的人不光是買魚，還能夠代理賣魚，從老客戶到代理銷售，都是社群的轉化，這就是第三個階段。

這三個階段即是 LINE 社群經營的過程，經營一個龐大的魚塘，每個環節都是環環相扣，唯有熟悉每個環節，才能進而養殖自己的魚塘。

從建群開始，建魚塘、放魚苗，透過「引流」將別人魚塘的魚，抓潛到自己的魚塘，最初是在養魚，當魚塘建好之後，必須要往裡面放魚苗，如果已累積了過去客戶，這些客戶即是日前的一些魚苗，因此，直接把這些魚苗放進魚塘裡即可。於是，有了第一批魚苗後是不應滿足於只有這些魚苗，畢竟日後期盼做更大的生意，想建更大的魚塘，所以，必須不斷引入更多的魚苗。

有人認為花錢去市場買魚苗就好，對應產品來說即是花錢打廣告，進而帶來更多用戶；除此之外，還有沒有更好的辦法，不花錢或是少花錢即可帶來很多的魚苗呢？

引流＝畫像＋魚塘＋魚餌＋釣魚裝置

不妨藉由「引流」，也就是畫像加魚塘加魚鉤的總和，全部過程即是引流。引流的對象必須先設定精準對象是誰，都是經營 LINE 社群之前必須思考的問題，精準對象即是「人性畫像」，那麼，什麼是人性畫像呢？

人性直接畫像 VS 間接畫像

首先，必須先弄清楚要養什麼魚，魚的形狀、模樣為何？也就是你的客戶是誰？客戶長什麼樣子？有了客戶畫像以後，才知道要養什麼魚，知道魚長什麼樣子，不過，要從哪兒才能獲得這些魚？這些魚在哪裡？在哪些魚塘？

要找到目標用戶，瞭解他們所在之處，接下來，就要把他們引流過來，不過，通常需要有誘餌，得找吸引過來的誘因，像是喜歡什麼口味、風格、嗜好……等，那就是「魚餌」！再來便是使用哪一種釣魚裝置了，該用釣竿還是魚網呢？

在引流中的第一個環節，叫做用戶的「直接畫像」，還有「隱藏畫像」。

如果一開始做的事方向不對、目標不明確，接下來再怎麼去努力都是徒勞無功，因此，必須先清楚知道客戶畫像究竟是哪一群人？應該找什麼樣的人？到底長什麼樣子？如果要建群，要找什麼客戶？這些客戶即是魚苗。

經過不斷篩選，最終被選出的那些人，才是最直接、最精準的一些客戶，對這些人宣傳才會產生消費。到底如何選出精準的客戶呢？

首先是「直接畫像」，就是分析客戶的年齡、性別、地域、消費能力……等，都是當下即可判斷；至於「延伸畫像」，像有些行業，除了消費自己的產品之外，還會消費其他的產品，因

此，透過他們消費其他的產品，或是他經常出沒的一些地方，或是他還喜歡什麼、關心哪些話題、最常出現在哪裡？如果先想清楚這些問題，亦可容易找到他們的行蹤。

此外，誰會為你的客戶買單？以三到五歲的童裝為例，首先要想的問題是，買小孩衣服的人會是誰？是小孩自己嗎？應該不是吧，基本上都是家長，而媽媽又比爸爸多一些，所以，童裝的目標客群即應鎖定他們的媽媽，亦是「延伸畫像」，那麼，媽媽的畫像應是長什麼樣子呢？

從年齡分析，會買童裝的族群應以三十至四十歲的女性為主，接下來還有沒有其他一些延伸的畫像呢？從孩子的角度來看，是否能找到一些更精準的畫像？這些孩子除了要穿衣服之外，是否還有其他的需求？例如孩子的衣食住行，或是生活、成長、教育……等。

如果是經營線下的實體店面，不妨找一些和目標客群同年齡層的培訓機構，只要找到這些人，將會發現有很多的平臺與孩子的教育息息相關，經由這些管道，都能找到目標用戶。

此例子是從孩子的角度思考，不難發現，原來不光衣服，從媽媽的角度來說，是否也能找到她的延伸畫像呢？

試想媽媽們平時會關注什麼話題、經常出入哪些地方，這些年輕媽媽關注的話題，可能是愛美，像美妝、包包、配飾、塑身……等，或是夫妻關係、女性魅力提升……等，基本上，她們有需要像是健身、養生、修身養性等等相關課程，分析他們的生

活樣貌，將會發現原來用戶們存在很多地方。

　　所以，還會擔心不知道客戶在哪兒，找不到他們嗎？藉由經由「直接畫像」及「延伸畫像」等更全方位的角度來思考，透過這二步，學會思考用戶在哪兒？仔細思考將自己的產品進行規劃，便能直接想到延伸這些點去尋找他們，將會發現原來用戶真的很多。因此，重新思考用戶畫像，即可找到用戶在哪裡。

透過五招找到 LINE 社群經營潛在客戶 ⋮

LINE 群營銷胖達人陳韋霖

> 瞭解找到目標客戶之後,若想去成交,該怎麼踏出第一步呢?瞭解你的受眾目標後,就想要去成交對方,事實上還是很困難的,到底成交率要怎麼才能提升呢?

　　成交之前，只要做好「抓潛」，「抓」住目標客戶，即可提升 20％的成交率。那麼，如何才能更輕鬆獲得準客戶的名單呢？抓潛是否一定要付大量的費用呢？其實並不然，還有很多免費的方法！

　　這裡提供五招簡單可行的方法：

一、透過一定方式，讓所有和直接接觸的客戶留下關鍵性資料

　　應採取客戶容易接受的方法，請客戶留下正確資料。例如，銷售人員可以非常客氣的解釋客戶留下資料的好處，送他什麼贈品去吸粉，並做出保密承諾，絕不能讓客戶反感，而是讓客戶產生信任感。

　　客戶名單列表會隨著客戶實際情況的發生而變化，所以，企業單位或個人應該利用資料庫的管理工具，在固定的時間內更新資料庫，確保客戶資料庫的穩定與有效。

二、透過優惠券、折扣券、抽獎活動等方法收集資料

　　利用優惠券和抽獎活動，則是零售行業的常用方法，只要將優惠券、折扣卡贈送給購買金額在一定程度以上的客戶，客戶便有意願填寫姓名、年齡、電話等個人資料。當然，抽獎活動的效果可能更好，因為有助於提高客戶填寫關鍵性資料的意願。

三、不同行業間進行名單交換

　　「行業資料庫」是較為精確的分類資料庫。例如，服裝店和化妝品店都以年輕女性為對象，它們之間可以交換各自的客戶名單，實現交叉銷售。只要事先設定好合作規則，這種互換客戶、分別建立數據名單的做法，就不會引起競爭，也能達到雙贏，何樂而不為呢？

四、客戶推薦客戶，建立更可信的資料庫

　　客戶之間互相推薦的數據較為真實，舉例來說，可準備一些精美的、吸引人的禮物，贈送給那些介紹別人來購買的客戶，透過客戶轉介得到其他的準客戶名單，例如其親友、同事等，這些通常都是最有效的潛在客戶名單。

五、向專業的數據公司購買

　　目前已有專門提供各行業、各類別數據的公司，這些公司是客戶數據庫最重要的來源。當購買或租借數據時，一定要根據企業的實際情況，選擇最符合企業要求的資料庫。

　　如果數據中，某人以前曾與你接觸過或購買過產品，那這個人的名字與聯絡方式，對企業便很有價值。

　　特別是透過 LINE 社群經營，當群友產生信任感及關注度之後，在魚塘的成交率就會大幅提升。若是別人想來魚塘直接撈魚

時，效果會比較低，所以有抓潛的效果會是沒有的數倍，所以一定要培育自己的魚塘，不要想在別人的魚塘作直接成交，因為沒有抓潛的前提是很難成交的。

2-5
掌握四「借」找出精準客戶

LINE 群營銷胖達人陳韋霖

先前提到透過「直接畫像」加「延伸畫像」兩種方法尋找潛在客戶，他們到底是長什麼樣子，有什麼特徵呢？也就是説，如果已知要養什麼魚，接下來，再使用抓潛的方法，去找到想要的魚，然而，他們在哪裡呢？

當知道產品或服務符合需求的潛在群，他們是怎樣子的，接下來要找出這些人，到底他們在哪裡呢？此時就要學會如何「獲客」及「引流」。

實際上，有一套超實用的引流法，因為線上和線下的獲客方式，不但有共通性，更具有區別性！以線下的實體店面為例，有個非常關鍵性的因素————「距離」，因為店面有實際地面範圍的限制，是指輻射周邊的三至五公里，或最多是十至二十公里，以「地域面積」來定位。

一開始在開始尋找目標客戶時，必須多撒網、多撈魚，把客戶的量做多、做廣，盡量多邀朋友進 LINE 社群，第一步是「把量做大」。雖然一開始邀很多人進 LINE 社群，但不一定是目標客戶或精準客戶，而是要透過一系列的方法，才能不斷篩選出精準客戶，這是「泛粉」轉換為「精粉」的過程。

四「借」開啟線下客流量：借人、借群、借媒介及借通路

一、借人

很多人心想：「我沒有這麼多朋友，怎麼把群作大呢？」藉由「借人」將可輕鬆建 LINE 社群，從社交鏈直接擴散。一開始建群之後，先把已認識的好友拉進 LINE 社群，又可視為基礎的種子客戶，再和好友說：「現在在建立學習社群，請幫忙邀請

幾個好友進群。」因為每個朋友都有他自己的朋友，給他們一些吸引及誘惑，從 10 個人開始，若每個人都帶來 10 個人，就有機會變成 100 個人。這 100 個人每個人再帶來 10 個人，最後會變成 1000 個人，這種過程便是裂變，最初的 10 個人相當於「一個大樹的種子」。

因此，最初要把這些種子種到地表以下，使它不斷深根發芽、枝繁葉茂，四處擴散的過程即是「裂變」。從最早的 10 個好友開始慢慢拓展，立刻會變出幾百人！

二、借群

建群以後的目的，是為了日後在 LINE 社群宣傳產品或服務，讓更多人瞭解 LINE 社群的內容，因此 LINE 社群即是平臺。除了自己建群之外，對於其他人已建好的社群，是否可以直接拿來使用呢？

很多人的 LINE 裡都有琳瑯滿目的社群，如果直接在別人的社群裡宣傳自己的產品，那是非常不明智的舉動，怎麼說呢？直接在別人的 LINE 社群裡宣傳，等於是在他人的地盤打廣告，相信很快會被踢出社群。那麼，到底該怎麼應用才不會犯了大忌呢？

首先，把別人 LINE 社群裡的人先加為好友，後續再私 LINE 他們吸粉文案，吸引他們進你的 LINE 社群裡，即可把別人 LINE 社群裡的群友們，變為自己的群友。不過，你的吸粉文

案就要給對方一個加你好友的理由或是福利，可能是藉由電子書來吸引，或是其他禮物等等，先從直接加對方好友，再邀進自己的 LINE 社群。

值得一提的是，若是直接在對方的群裡找到群主之後，跟他私下先談合作，說明想法及合作方案，只要能提供群主利益好處，再請群主幫忙槓桿互推、做引流，很容易在對方的 LINE 社群裡建立信任，甚至加好友或進入自己的 LINE 社群。

想要成功借群，必須給群主夠大的利益，或是和群主進行群的互換，先給對方好處之後，才去他的社群打自己的廣告，進行宣傳互惠，當他人的 LINE 社群加上自己的社群一起即有兩個社群，如果再多找幾個群主合作，是不是一下子有了好多 LINE 社群可以運用？這就是「借群」。

借群的眉角在於找真正有運作的社群交換，而不要找廣告社群交換，以免自己 LINE 社群裡群友們受到廣告無情的轟炸，群友們的信賴度也會跟著下降。

三、借媒介

商場上有句名言：「你想要的客戶都在競爭對手的手裡。」所以前往競爭對手的地方去認識人，也是很好的選擇。因為我本身是在作教育訓練的工作，所以我常常到處去線下學習，把上課的筆記透過打字記錄成電子書，拿它來吸收粉絲，把這些愛學習的人都邀進自己的 LINE 社群裡，透過社群裡的培育，慢慢建立

信任感之後，再陸續做其他的轉化。

四、借通路

　　如果一直發現店裡沒有客人，很可能的情形是，目標客戶都在其他人的店裡，換句話說，別人的店即是一個「通路」。如何把別人店裡的這些客戶，引流到自己的手裡，讓他們成為自己的客戶，具體做法該如何進行呢？

　　以酒為例，如果你店面周邊，有很多大飯店、足療、洗車行……等，都是有消費能力的男士常出現的地方，這些客戶們絕對有直接的用酒需求，因此，要到客戶會去的地方進行談判合作，討論出互利共贏的玩法。

　　這就是所謂的延伸畫像，如果能去這些足療、洗車中心或汽車公司，免費送酒給上述店家，並推出維繫客戶的贈品，對客戶也有需要，對他們來講，不但可以免費維繫客戶，加上要來店裡領取獎品，便能把別人的客戶拉到自己的店裡，還是透過對方的引導而來，即完成了「借通路」。

　　把你的產品當成他們的贈品，讓他們的客人到自己的店裡取貨，此時，源源不絕的客戶就會到你店裡取貨，就可得到很多客戶。但不能平白無故讓他拿了贈品就走，要設計留下客戶資料的方式，例如進你的社群才能拿贈品，甚至跟對方說，這一瓶酒如果客戶還想要，不妨直接讓他們掃碼進群，亦可到自己的店裡領一瓶，此時，對方也願意幫忙推薦，也有助於裂變的速度加

快，甚至可以透過追加銷售的方法成交客戶。

　　以上「四借」都是線下的獲客引流方法。
　　至於線上有好用的引流模式嗎？舉例來說，有一套好的線上學習課程相當重要，以我常使用的《賺錢十大思維》課程為例，每當在 LINE 社群進行線上引流時，直接邀請陌生客戶到「賺錢思維群」培育，當他們上完這門課以後都很有很大的收穫，甚至對自己產生相當大的信任感，再進行其他轉化。由此可見，線上引流課程加培育，是相當好用的方法。

2-6
輕鬆擴大 LINE 社群的六大錦囊 ⋮

 LINE 群營銷胖達人陳韋霖

前面已提過為目標用戶建立畫像，並應用「四借模式」在線上和線下進行引流，經由種子客戶進行裂變，帶來更多的客戶，不過，想擴大 LINE 社群，仍然要善用 LINE 社群的六大錦囊，才能順利地從別人的魚塘開始，慢慢建立起自己的魚塘。

在裂變之前，有兩種情況需提供誘餌，才能吸引對方來到自己身邊，或是幫自己帶來更多的人。第一種是「他還沒有來到自己身邊，要提供誘因吸引他來」，第二種是「如何用現有的用戶，為自己帶來更多的人」。

不管是哪一種情況，都需要設計魚餌，然而，制訂好的魚餌，無論是各行各業的 LINE 社群皆可適用。

🔊 制訂深具吸引力的六大魚餌

想制訂魚餌有六大方法，列舉分析如下：

一、贈送產品或周邊

無論是提供產品或周邊商品、免費或付費，若要當成魚餌，肯定是越大越有吸引力。我曾被一家早餐店的 5 元豆漿吸引，宣傳效果可想而知，很多消費者肯定也會被 5 元豆漿吸引進店消費，顯然不是賺錢的目的，而是提供前端爆品做為引流之用，先用 5 元豆漿吸引客人來到店裡。

不管一開始是否虧錢，只要日後讓消費者發現這家店的口味很好，有機會持續前來消費，依然可以再賺回來。值得一提的是，無論是先體驗或試吃，等待後續發展的成交情形，都需要看產品的利潤空間，並考量送的贈品是否成本可回收，應評估投入及產出的比例。

二、送延伸品

　　上述方法是贈送產品，當贈送周邊產品的成本太高，亦可考慮送延伸品，像免費抽獎、送折價券……等。以免費抽獎為例，事先告訴大家可 100％中獎，在這抽獎箱裡設置了很多大獎，可設置冰箱、電視、甚至 iphone 等。或是周邊試用品如體驗券或會員卡，既然是 100％中獎，便可以到街上或其他公共場所告訴每個人，現場有幸運抽獎活動，「免費抽、100％中獎，只要拿到此券皆可參加抽獎」。

　　那麼，該如何才能做到 100％中獎呢？不妨多送一些折價券，反正抽獎者有買才能享受優惠價，抓住他想利用免費抽到大獎的心理來做引流，經由免費抽獎得到大家極高的關注度。

　　不管是舉辦免費抽獎、免費送折價券、免費刮刮樂……等活動，皆可設定適合自己的產品得到引流的效果，或限制條件去送，像滿千送百，或清倉、換季大拍賣、舊換新……等延伸品。

三、聯合推廣

　　什麼是聯合推廣呢？也就是「連結其他的商家」聯合推出贈品。如果找到合作商家一起送贈品，有助於提升贈品的價值，更可將其他店的用戶抓到自己的 LINE 社群，所以，聯合推廣非常容易將別人的用戶引導到自己的 LINE 社群裡，同時放大整個活動。

　　此外，擅用「高價帶低價」也是一種策略。以電器為例，電器並不是汰換率很高的產品，像是冰箱、洗衣機，這些產品都是幾年才換一次，如果電器行附近有一座大型超市，每天有非常多人逛超市，而超市又有很多物品，當每個家庭每天都有採買的需求，若能把逛超市的顧客引導至電器行時，是否能達到想要的引流目的呢？

　　如果在超市放了優惠券的「魚餌」，藉由人們去超市的高頻率購物行為，進而帶動買電器此低頻的銷售活動，一般來說，當客人從超市拿到優惠券以後，再去電器行領贈品時，多數人都會看一下電器行舉辦哪些特惠活動，如果發現有興趣的產品還不錯，是否容易帶動消費呢？

　　對電器行來說，為了提高拿優惠券客人的購買衝動，一定會設計環環相扣的現場促銷活動，期盼帶動低頻的銷售量。換句話說，若客人去超市拿到電器行的優惠券之後，順路去電器行逛逛時，都有機會增加銷量，因此，當自己的產品是低頻時，和較高頻的商家進行合作便是「聯合推廣」，也就是「高頻帶低頻」！

四、贈送服務

　　如果像健身房、美容、美甲……等商家沒有辦法送產品時，提供送服務、送體驗的贈品也是可行性很高的方式，像是免費送體能測試，或是送幾節免費的體驗課。畢竟很多服務是需要有體

驗之後，真正身心感到有改善才會購買，即是贈送服務。

五、送機會或送體驗

　　例如蛋糕店想辦促銷活動，如果直接送蛋糕很划不來，不妨送一次媽媽跟寶寶免費蛋糕 DIY 的機會，從免費體驗的過程中，贈送一些折價券等後期消費。

　　再舉遊樂場的例子，免費讓小朋友體驗 15 分鐘玩小火車的機會，很多小朋友一旦搭上小火車，此時讓他停止體驗，一定會大哭大鬧，此時銷售人員就會前來，提供一些套餐供家長選擇，例如玩一次的原價多少，若買十次再送三次，連這一次都免費招待，很多家長就會買單。如果先讓小孩體驗，本來沒打算給小孩搭小火車，但因為小朋友的體驗感到很開心，家長也認為有貪到小便宜，最後自然會買單了。

　　先設非常低的門檻讓客人成交，藉此鎖住他未來的銷售，先給他認為只要花一點錢，即可拿到非常多的名額，即使把名額送給別人都很值得，甚至未來他也會變成自己的銷售員，進而帶其他家長前來使用。

　　這種方法很常被廣泛運用，我曾參加過一個聯誼會，入場費是每次 300 元，後來對方說一年聚餐 12 次，甚至有時會再加碼，因此，原價一年將近 4000 元，但是若現在只要再繳 2000 元會費，即可每月參加聚餐，甚至日後也可以再帶朋友來，當下是否覺得物超所值呢？心中占了個大便宜。儘管後來發現，幾乎後

續很少再過去了，但事先已收齊未來一年的費用，即在賺未來可能不會出現的錢。

六、送知識

至於美妝、美容……等行業，較易有認知門檻，像是送知識見聞類，適用於一些有認知門檻的行業來進行比較。比如怎麼美容、化妝、護膚或服裝，如何進行衣服整體的穿搭技巧，如果有一家服裝商家辦造型派對，只要你參加就提供你穿搭技巧諮詢服務，這樣就會有很多人有興趣參加，因為每個人都愛美，也熱愛喜歡學習和美相關的事物。

因此，在整個分享知識見聞的過程中，即可為產品進行宣傳和介紹。只要客戶對商家產生信任、有認知感，將彼此的關係又拉近了一步，同時若再進行相關產品的推廣，會變得非常容易成交。

以上是六種制訂魚餌的方法，無論用哪一種方法，強調的大多是誘餌越大，最終達到引流的效果最好，例如「免費送」的力度一定大於「付費送」。另外，贈品要看起來很值錢，非常有價值，所以成本要盡量控制，找贈品以利潤空間較大、成本較低的標準為考量，或是價格不透明的贈品較易吸引大家的目光。

透過六大方法制訂魚餌，不妨思考一下自己的產品，再列出性價比高、最能夠吸引別人的魚餌。

　　要吸引人群進社群，吸粉文案也不容小覷，一個誘人入群的吸粉文案，直接決定對方是否入群的速度。許多人收到加入好友邀請時，不加的原因很簡單，因為他不知道對方是誰，也不知道對方加他有什麼目的，所以不會把自己加入好友。如果能寫出非常值得他加好友的吸粉文案，將是成功邀人入群的勝出關鍵！

　　若期盼自己得到對方加 LINE 或邀入 LINE 社群的機會，最好使用「提出價值」加「打消疑慮」的二個方法。

一、展現自己的價值

　　當自己加對方好友時，進入自己的 LINE 社群，到底能給對方帶來什麼好處？

　　舉例來說，當自己邀人進入 LINE 社群時，都會先問候對方：「你好，我是 XXX，我是透過 XXX 加了你的好友，只要你加群，我可以給你 XXX 內容，並且我再送你價值巨大的電子書。」這是吸粉文案應有的內容。

　　如此一來，別人被邀進 LINE 社群的機率會非常高！

二、消除疑慮

　　告訴對方，如果自己達不到對方的要求，可以隨時把自己刪掉好友並退出社群，那麼，相信有很多人願意嘗試加入你邀請的社群。

　　舉例來說：「如果加入我的社群覺得沒有用，可隨時退群

並刪我好友，不過進群的贈品你可以留著，我們還是好朋友。」

不妨先提出所有疑慮，原本有很多人並沒有打算加自己為好友，他可能覺得萬一對自己沒有用，對方會心想先入群看看也無妨，若發現若真的沒有價值，頂多是退群刪好友，反正還有贈品可拿，並沒有其他損失。

此外，為了提升對方加你好友的機率，我也會在不同的 LINE 社群變換不同的文案，比如去創富聽課，在社群裡加好友時會說：「你好，我是創富課程的學員，非常榮幸你我都成為創富課堂的同窗，我們一起學習和交流，可以通 LINE 一下嗎？我把上課的筆記也傳給你。」

此時，因為內容具體直接點明在創富課程上加 LINE 的好友，並且有提到要送筆記，所以很容易會被對方認可，亦可告訴對方：「你好，我們都在某個社群。」對對方來說，會覺得有共同上課的信任感，同時也感到親切感。

魚餌的關鍵就在於「前捨後得」的概念，而吸粉文案就是要站在對方的角度去寫對他有什麼好處，才能吸引對方的加入。

第三章

LINE 社群經營 4 大訣竅
輕鬆滑出好商機

3-1

只靠六招，3 天讓 LINE 社群經營流量多 N 倍 ⋮

LINE 群營銷胖達人陳韋霖

> 瞭解魚餌和魚鈎的做法，透過魚餌吸引目標用戶，又經由魚鈎把朋友吸引自己的 LINE 社群裡，成為種子用戶。

經營 LINE 社群有一項其他社群媒體相當不同的優勢，那就是「社群可以裂變」，例如 LINE 社群內只有 100 個好友，如果提供一項非常有利的福利，讓他們每個人邀 10 個人入 LINE 社群，立刻就會從 100 人增加至 1000 人。新增長的 1000 人，若想得到福利，便需以相同方式促使他們再邀人入 LINE 社群，若這 1000 人每人各邀 10 人入群，立刻會變成 1 萬人。

依此類推，從 1 萬、10 萬、100 萬……不停倍增下去即是裂變，從原來的 100 位種子，經由裂變就像滾雪球般越滾越大，此過程又稱為裂變。裂變有六大方法可讓現有流量僅用三天即可裂變增長二倍。那麼，要用什麼方式讓這些種子用戶積極邀他們的朋友入 LINE 社群，如何提供誘因刺激他們，我提供下列六個方法，每個方法的特點和適用場景不盡相同，詳細說明如下：

◀ 裂變六大奇招

第一招：轉發群和動態

如果想讓這些種子們主動進行裂變，必須提供利益點刺激，只有讓種子們得到好處，他們才會願意邀人入 LINE 社群，第一步是先提供一份吸粉文案，然後提供電子書吸引他去轉發社群或轉貼動態，一定要有利益趨使，才有助於他們立刻行動。

「轉發社群和動態」的作法各有優缺點，優點是難度較低，對他們來說只是轉發，不需要拉人也不必打擾別人，由於難度較

低加上贈品不錯，較易讓群友操作，也能促使群裡很多人願意配合；至於缺點即是可能不精準，因為群友們廣發在他的社群或動態時，他的朋友有可能並不是目標客戶群，經由大家轉發後，很多人只是來湊熱鬧，有可能達不到想要的宣傳的效果。

第二招：轉貼在動態基礎上，再增加一個小技巧

先讓種子們把吸粉文案貼在動態上，若集滿了幾個讚，就送一個小贈品，集了幾個讚就代表他的朋友至少有幾個人看過此文案，表示在原來的轉發基礎上，亦增加可見率。

第三招：整個 LINE 社群滿多少人，可得到哪些贈品

一開始維護 LINE 社群時，會告訴大家此社群的用途，在社群裡，每個人可得到什麼獎勵？這些都屬於贈品福利，若要想得到這福利，只要大家一起把這 LINE 社群灌滿 300 個人，為了達成此目標之前，必須進行拆解。

例如最早 LINE 社群只有 30 個人，若想到達 300 個人的目標相當遙遠，因此做好目標設定很重要，例如每多少人就開下一堂課、每多少人就發紅包、發電子書……等其他福利，此時大家即在此信任基礎下，不停地邀人入群。

總之，把 300 人的目標一步一步劃分成每個小目標，讓大家先完成小目標，等到群友們紛紛收到禮物後，即可陸續實現最終的大目標。

　　不過這些人為了邀他的朋友進群，可能會有亂拉人湊數或來打廣告的人士，為了避免發生這種情形，不妨先跟朋友講一下邀請入此 LINE 社群的目地及用途，這樣子群友們在轉發動態時較為精準。

　　此外，還能激發一些有能力者的積極性，換言之，只要在 LINE 社群裡設定一個目標，公布此 LINE 社群只要到達幾人，即可得到一份夠大、夠吸引人的獎品，經由多次測試發現，只要獎品深受歡迎，將會造成一群人瘋狂邀一群人進群。

第四招：拉幾個人進群即得贈品

　　在 LINE 社群，群主為每一個人都制訂具體目標，比如，若想得到此電子書，只要邀一位朋友進群即可得到，沒邀請朋友的人便得不到此獎品。此方式的優點是可避免有些人不想參與 LINE 社群的任何活動，卻只想得到好處。訂下此一規則是鼓勵有付出的人，便能得到獎品的獎勵，缺點是必須邀人進群，因此有些難度。

第五招：邀多少人入群，得到多少獎品

　　邀進 LINE 社群的人越多，相對得的越多，換言之，即是多勞多得、少勞少得。

　　例如，群友邀一人得到一本電子書，二個人得二本，三個人得三本，如此一來，激勵大家不斷邀更多的人進 LINE 社群，

優點是多勞多得，彌補前兩種方法的各自缺點。

第六招：你邀我進你的 LINE 社群，直接送獎品

這是「借群模式」非常好的方法，只要進入對方的 LINE 社群裡，透過群主的槓桿推薦，很快即可收穫一大批的人脈，將 LINE 社群內的朋友全加成好友。

相較於前五招，都是要求群友去幫忙邀好友進 LINE 社群，此優點是被邀進別人的魚塘裡撈魚，可主動積極去一次性加很多人，變成直接去魚塘撈魚，有助於迅速擴大的流量場；缺點是如果對方沒有屬於自己的 LINE 社群，也無法使用此招。

有鑑於此，不妨做另一項代替方案，比如要求對方邀拉自己進入他的其他 LINE 社群，也可以得到這一套贈品，儘管不是邀到對方自己的 LINE 社群，亦可透過吸粉魚餌，自行獲取粉絲種子去別人的魚塘裡釣魚。

總而言之，以上六招可分成三大類：

第一類：轉發

利用魚餌，讓群友們願意自行轉發至他們的 LINE 社群或朋友圈，甚至提供吸粉文案，直接讓他們去發到自己的 LINE 社群內。

第二類：邀人

直接在社群裡公布，只要 LINE 社群滿多少人，便繼續上下一堂課，或是每人每邀多少人進群，即可得到多少贈品，直接達到「群裂變」的目的。

第三類：邀群

「轉發」和「邀人」都是指請群友邀人入 LINE 社群，「邀群」則是直接要魚塘！先請對方把自己邀進他的 LINE 社群，最好是在他自己是群主的 LINE 社群內撈魚，否則只能在朋友的其他群內釣魚。

這六大招我全都實際操作過，至於哪一招最好用呢？實際上，建議大家不妨分別測試，找到較適合自己的方法。經由這六招可辦活動策劃，藉由設計一張海報去 LINE 社群轉發給群友們，或提供各 LINE 社群主轉發擴散，效果將會加倍。

如果在群內策劃一些活動，希望大家踴躍參與，若沒有參與必須退群，也是使 LINE 社群活絡氣氛的方法。不過此活動必須進行一些問題設計，甚至是邀請朋友入群等指令，保持和群友們的互動。其中有個重要的功能就是「@」，只要「@ 群友」，即會出現藍字提醒，可告訴某位群友：「你還沒有轉發，不要蒙混過關，快抓緊時間轉發出去，不然要把你移出群唷！」故意製造緊張的氣氛。

如此一來，群友是否在第一時間立刻轉發了呢？以幽默的口吻來達到宣傳效率極大化。如果有私發獎品時，別忘了截圖放在 LINE 社群裡提醒大家，有人收到禮物了，當群友們看到有人收到獎品，幾乎會紛紛跟進，進而加快裂變的速度。

LINE 社群裂變之前的「引爆」四部曲

一個好的活動能成功裂變，並不是選對方法即萬無一失，還要搭配很多的組合拳，更需要多方面的準備，例如活動在推出之前必須「引爆」，那麼，該如何進行引爆呢？

一、話術的準備

任何活動的過程都有許多細節，對消費者來說，可能並不知道這些細節，而且在整個活動一定有人提問，若每一個群友都發問，再慢慢打字回覆，會變得非常沒有效率，消費者體驗也不好，畢竟無法即時回答他的問題。

因此，裂變前要做好這些準備，包括先列舉一些 QA，即可預先準備好答案，隨時可以複製貼上，降低群友們的等待時間，如此將有助於維持群友們對群主的好感度。

二、人員的準備

LINE 社群裡不光有群主，還需要「助理」來協助處理 LINE

社群的運作得宜，他們是「群托」。別小看「群托」，他們可是非常重要的角色，究竟他的價值在哪裡呢？在 LINE 社群發揮什麼功能呢？首先，它的作用就是以群友的名義，問一些其他群友們想問又不好意思問的問題，進而打消疑慮。

實際上，很多人新進來 LINE 社群之後，並不知道群內有很多細節及規定，也可能心中有所質疑，但不知該問誰，也不好意思在 LINE 社群裡請教大家，於是，藉由一些群托假裝是自己的群友，故意在這 LINE 社群裡問一些問題，那麼當群友們看到有人問類似的問題，剛好也是他想知道的問題，回應群托正好也給群友們解答，同時也打消他的疑慮。

舉個例子：

（一）讓群托去說：「這個原價不是 800 元嗎？現在只要 300 元？哇！太便宜了吧！」

有時候，當成交方案出現時，LINE 社群內卻很可能沒人回應，此刻，讓群托帶動 LINE 社群裡的成交氣氛，也能加速成交節奏。

（二）請群托去說：「太便宜了，群主我要來一份，請問匯款方法是什麼，這麼超值的東西，不買太可惜了。」

最好多設幾個群托，此時，當群友們看到這些「群托行為」，便能有效引導出從眾效果，由此可見群托的重要性。

三、資料的準備

　　有群友曾問我，常常在 LINE 社群裡看到我陸續貼一段又一段的文字，發現速度為何如此快速呢？實際上，平常要先把文字存放在文字檔裡，隨時把資料調出來，而不是在 LINE 社群中現場打稿，這樣肯定會來不及。甚至可事先準備圖片或影片，讓群友更加投入其中。

四、紅包的準備

　　為什麼一定要發紅包呢？紅包是提升社群活躍度的重要方法，發紅包的技巧是不要只發一個，而是調動其他的班主任及群托，一起在社群裡發，也不要一次發大金額紅包，而是分次發。

　　有時發 100 個、偶而發 10 個、三不五時只發 2 個，甚至發 1 個，讓 LINE 社群裡創造常常有福利可拿的氣氛，也就是紅包雨的效果，使 LINE 社群群友們有的搶到、有的搶不到。如此一來，LINE 社群的氣氛即相當活絡，群友們也感到相當興奮！甚至可以包一包大紅包，但要讓自己已經設置的群托去搶，並且截圖貼上社群，讓別的群友羨慕，後續就會造成大家關注社群了。

　　試著當大家盯著螢幕搶紅包，搶完之後，大家還會感謝，貼一堆感謝的表情貼圖，謝謝群主。還有的玩法是「用紅包說話」，換句話說，紅包亦可打字，只要把想跟對方講的話用紅包打出來，如果所有人都用紅包講話，想必非常有趣，不但可使 LINE 社群相當熱鬧，更能提高社群的忠誠度。

3-2
瞭解九大人性弱點創造 LINE 社群瘋狂購 ⋮

 LINE 群營銷胖達人陳韋霖

> 不管是玩行銷或玩社群，所有策劃都是為了「人性」，不光是裂變會用到人性，包含之後的活動設置、轉化都會涉及人性，只要把握九大人性弱點，即可打通經營 LINE 社群的任督二脈。

　　舉凡送東西、送體驗，都是善用消費者愛占便宜、貪婪的消費心理，即可刺激群友們不斷「聽話照做」，LINE社群經營要學到的重要精髓，即是「人性的學習」，然而，到底有哪些「九大人性弱點」，又該如何應用它呢？

九大人性弱點

　　這「九大人性弱點」分別是占便宜、好奇心、關注自己、稀缺性急迫感、從眾心理、惰性、多疑、固有思維和感性，瞭解這些人性弱點，不難發現平時有很多成功的商業活動，行銷思維的設計皆從人性出發。

一、占便宜心理

　　顧客要的並不是便宜，而是貪小便宜！為什麼有些人賣東西無人問津，原因是感受不到其價值。讓用戶覺得占便宜的方法是「先塑造產品的價值」，再進行打折促銷，讓客戶覺得不買可惜，買了肯定會「物超所值」。

　　讓客戶看到獨特的價值以後，再從價格去著手，加上免費送、降價，或者限量限時的額外福利，使客戶覺得買到是完全賺到，唯有如此，消費者便會願意購買。

　　總之，要先讓別人覺得有「占到便宜」的心情，才會願意參與，因此，充分利用占便宜的心理，善用推出折扣或贈送等額

外價值,即可創造不錯的業績。

二、好奇心

　　若想策劃成功的活動或文案,其中的致勝關鍵是標題,為什麼標題非常重要呢?因為「好奇心」可引發別人的探索欲,進而吸引他人目光。基本上,在第一時間內抓住了大家的眼球,也就跨出了成功的第一步。畢竟只有把別人吸引過來,再告訴他有哪些優點及好處,才願意去成交,很多人在發朋友圈時,都會利用「好奇心」來激發大家的購買欲望。

　　比如辭掉世界 500 強的工作,只花一個月就賺到人生的第一個 100 萬元。試想若看到此文,是否會想瞭解,好奇為什麼放棄世界前 500 強企業的工作,甚至還賺了 100 萬元,到底是怎麼做到的呢?

　　有些類似的文案寫到課程教學應如何獲客?如何設計誘餌?正當你看得起勁且覺得有價值的時候,突然戛然而止,沒有後續了,為什麼呢?

　　作者會告訴你,後續內容請加我好友領取,這個就是引起你好奇心,引起你不斷繼續往下去探索的一種心理,只要你想得到下面的內容,就很容易根據他的步伐走,然後就加到好友了,或是直接進入你的社群,後續就有方法成交對方。

　　我再舉一些比較常見的例子,那就是電視劇往往在最精彩的片段結束了,接著馬上出現下集預告,吸引著你繼續看下一

集。然而到了下一集最後又是一樣，在緊要關頭結束。如此一環接著一環的好奇心，讓他們想要跟著你的步伐走，這就是成功激起你好奇心的方式。

三、關注自己

　　人們都關注自己喜歡或和自己有關的內容。舉例來說，拍團體照時永遠會先看自己拍得好不好看，尤其是很多女生和朋友拍照時，永遠只幫自己修圖，或是只留自己較好看的那張照片。由於每個人會最先關注自己，如果在活動中提到對方正好面臨的問題或迫切關注的點，就能成功吸引他的目光。

　　例如想增加一些直銷人員，不妨使用下列文案：「是否已受夠每次批貨時都要囤很多貨，或是認賠賣錢卻還賣不出去？若現在有個模式，你不用進貨，只負責賣，我負責發貨。」直接點出這個痛點，並且跟大家講，我的服務可解決此痛點，不用背負這項負擔，即是利用關注自己的心理所做的活動。

　　再舉另一例子：「是否每天領著固定工資，你想改變嗎？你願意邁出一步去嘗試一下嗎？」這些例子都是讓用戶藉由問話來關注自己在意的痛點，也就是和他講話，這是關注自己。

四、稀缺性急迫感

　　如果告訴大家一件產品原價多少錢，現在多少錢，你賣給別人，別人可能不一定買。但是如果說此特價是最後幾個名額、

最後一天、明天要漲價，很多人可能就會瘋狂搶購。為什麼會這樣子呢？

其實價格都一樣，只是增加了「數量限制及期間限制」，人們就會馬上掏腰包。任何行銷活動若推出打折方案，一定要設下數量限制及優惠期限，比方說只限幾名、還剩三個小時、12 點就截止了，這樣的效果都會滿明顯的，因為很多人不到最後一刻不上車，不到最後不付款。如果沒有數量及時間限制，客戶永遠都不會行動，這就是稀缺性急迫感。

客戶會覺得，最後幾位或最後一天活動，如果現在不買，等等就沒有名額或明天就要漲價了，對大家來說，要是過了這個名額或明天再買就會吃虧，換言之，吃虧就是稀缺性急迫感的核心理論。

此方法我也試過非常多次，而且屢試不爽，尤其做銷講時都會加上這個方法，提出「特別的優惠價僅限今天或只限五名」。

另一種方式是，每過一個月加多少錢，目前有很多課程的定價策略，就是利用不斷漲價，形成一種「現在不買，以後會買貴」的急迫感，最後快速促進成交。如果群友們還是無感，我便每個月慢慢漲價，甚至也可以在 LINE 社群裡公布，只要每增加五個人參加，價格立刻調漲 100 元。

很多人會覺得怎麼辦、好著急，每次一刷 LINE 社群的對話記錄，又看到再漲 100 元，每次一刷看到又漲 100 元了，也會在

此氣氛下趕緊進行衝動消費，即是善用「急迫感」的技巧。

五、從眾心理

　　人們喜歡跟風、喜歡排隊，若想要在 LINE 社群經營玩出一片天，更要學會如何造勢、該如何做活動，尤其當人們出現選擇障礙時，更容易依賴「從眾心理」來決定消費種類。

　　以線上消費為例，通常都有銷量排名，而此銷量排名就是利用了從眾心理，消費者在買東西時，會看人數排名前幾名才想去消費，大多會認為既然有這麼多人買，說明他的產品不錯。

　　很多商家在做宣傳廣告時，總是對外宣傳已有多少人購買、訂購、參與，或是說某名人也是我們客戶，而「名人效應」更是運用從眾心理的最佳範本，通常名人的粉絲都想跟這些名人使用相同產品，即是從眾心理的典型例子。

　　另一方面，即是在 LINE 社群利用群托，我們會請群托將價格的期望值拉上去，此時再告訴對方非常低的價格，從對方立場來看，將感到相當超值，原因是藉由群托幫群主不斷造勢：「哇！這真的太值得了！」不斷去影響他們，從言語上去刺激他們，讓他們感受到確實非常值得，進而帶動社群的氣氛，讓他們慢慢形成一種「現在不買會後悔」的心理，也是充分利用從眾心理帶來的行銷目的。

六、惰性

　　每個人都有「惰性」，若想利用此人性弱點，肯定要讓他行動方便，方便到不必動手動腦，只要躺在自己的舒適圈即可。例如像大陸的微信支付很夯，原因在於「非常省事」，這便是借助人的惰性，才會如此受歡迎。

　　善用惰性的另一個經典案例即是健身房，能堅持長期去運動的人最多不超過四成，甚至高達七成的人只去過幾次，從此便敬謝不敏了。還有一個例子是「外送服務」，隨著新冠疫情全球升溫，更讓外送服務極受歡迎，加上 APP 越來越方便、越來越發達，想訂任何餐點都能直接送到府上，像這樣「免出門也能享用美食」的服務方式，也是看準人的惰性而延伸出的商業模式。

七、多疑

　　有句話說：「一朝被蛇咬、十年怕草繩。」如果一個人吃一次虧，或者是聽了別人吃虧的例子，多數人會感到排斥感。

　　現今網路的發展速度非常快，如果一旦讓人們感到服務或產品品質有質疑，甚至有人在評論留下了負評，一旦別人相信了，銷售難度便會升高。加上現代人消費前都會先查評價，只要能樹立起優質的客戶評價，機會就會變得非常大。

　　由於人是多疑的，當自己建了新的 LINE 社群，有些人可能都會懷疑建 LINE 社群的動機，多數人進 LINE 社群的經驗中全是廣告，所以很多人會認為進群會賣東西，LINE 社群裡若沒有

累積足夠的信任，一定不能去變現。因此經營初期的 80％都在建立信任，直到人們覺得是真的有料，才能持續做後續的變現。

尤其很多人還不相信活動的真實性時，需要先打消對方的疑慮。從哪些角度去證明呢？例如品牌影響力，讓人們值得信任或是樹立大家對產品服務的口碑，還是提供無風險承諾，例如可以免付費先進群學習，若不符合期望可隨時退群、30 天無理由退換貨……等，即是利用「多疑」的人性心理，才能打消消費者的疑慮，快速建立信任。

由此可見，當活動策劃的過程中，一定要先思考消費者可能在哪些方面有所顧慮，那麼，經由一項包裝設定讓他覺得沒有顧慮，進而解除客戶的多疑心理。

八、固有思維

當熟人已對自己貼標籤，無論做什麼新專案，不要以為熟人會給你買單，熟人只看結果，在還沒有結果之前，不要指望去說服熟人。所以，只要尋求認同自己的人即可，LINE 社群經營最大的障礙，即是別人對自己的固有思維，同時影響自己前期發展的速度，但是，突破自己朋友的信念限制之後，有沒有標籤已沒有那麼重要了。

如何改變熟人對你的固有看法？

一、透過朋友圈來鋪墊自己的形象，讓自己變得更有價值。

二、有幫別人解決問題的能力，別人才能改變對你的看法。

三、要懂得包裝自己的形象，你應該看過很多人使用一種槓桿的模式，像是拍了很多名車、美食或是名人，這些都是屬於包裝形象的部分。

九、感性

每個人都有容易被感動的一面，很多人在賣他們的故事，原因是讓對方聽了故事會感動，被那份真誠觸動了內心，一旦對方的內心深處感到溫暖，即建立了共鳴和信任。由此可見，只要能把故事賣出去，產品的價格便不會成為重點。

舉例來說，有一次在分享會現場，有位朋友上臺訴說自己悲慘的故事，直到最後銷售時助他一臂之力，「願意支持他並且幫助他的朋友請舉手！」此時產品內容及價格早已不是重點，全場都圍繞在感性的訴求上，一個一個完款收單，比起殺價競爭，真誠而感性的分享不但能抓住人心，更是締結成交的催化劑。

此外，還有一個健康食品的廣告訴求是這樣寫的：「以前年少不懂事，直到自己進入社會，離開父母的保護，才知道外出打拚有多麼不容易，爸媽又何嘗不是辛苦了一輩子？」記得前幾年總對父母說：「等我長大賺了錢，一定孝敬你們。如今我賺錢了，我想讓爸媽都能更健康！」此時看完此廣告訴求，都會忽略此產品的價格，因為這則廣告所訴求的，即是從人們的感性面出發，以達到銷售的目的。

利用人性情懷、情感的共鳴，來觸動對方的內心世界，使

人覺得買的是一種情懷。想做好 LINE 社群經營，必須根據自己
的產品或服務，搭配此九大人性弱點策劃相關的銷售方案，成交
將會變得相對容易許多。

3-3
LINE 社群想提高銷售量就靠這六招

⋮

LINE 群營銷胖達人陳韋霖

> 經營 LINE 社群一段時間以後，應該設計什麼樣的銷售方案，才能提高銷售量呢？透過流量及轉化率的提升，將有助於提升購買人數。至於利潤公式，則是購買人數乘上銷售量乘上利潤率再乘上重銷率，想拉高利潤，就必須分別提高這些元素。

在活動的過程中，消費者原本只想花 200 元消費，是否有辦法提高他的銷售量，讓他買到 500 元呢？以下六大祕訣可解決提高銷量的難題：

🔊 提高 LINE 社群銷量六大必殺技

一、為消費者設定基本消費門檻

如何讓別人原來只有 200 元的消費能力提高到 500 元呢？這 500 元即是設定目標。最核心的主要方法，就是提供所有人只要消費每滿 500 元，立即享有 100 元的優惠。

因此，若有人已購買 400 多元時，很可能會心想，只要再買一件便超過 500 元的門檻，享受優惠 100 元的折扣，相當於再花不到 100 元，即可買到此產品，也讓很多人要去額外找產品進行湊單。有時候湊單不會正好 500 元時，肯定會增加收入金額。

於是，500 元便是基礎門檻，讓大家自動買到這項門檻，再提升消費的原理。所以這個門檻的設計，即是為了激勵他再加買產品，等於為大家設定基本的消費目標，此吸引力即在於「折扣額 100 元」，讓大家達到自己設定的目標。

一開始，很多人原來沒有想買那麼多，但是透過此設計最後會發現，無形中讓消費者多花了好幾百、好幾千元，比起打八折的折扣還能讓消費者買更多，原因是讓消費者設定基本目標以後，同時相對提升整體客戶的客單價，最大的好處便是透過獎

勵,為不同消費等級的人進行了「增加銷售」的刺激。

在設置消費門檻時,必須根據自己店家的消費情況,進行合理的設置,也要考慮到利潤空間。比如平時的課程收費大約是 300 元,若利潤以 40% 估算,即是設置活動時的關鍵點,所以,必須學會算這筆帳。

二、環環相扣、層層遞進

第二種方法的底層邏輯是和第一種相同,但是設立不同門檻,一旦達成會贈送不同的禮品,與第一種方法最大差異在於贈送的禮品價格更高,使消費者認為,只要消費到某門檻時都會覺得:「哇!我只要再多加買多少錢,即可得到那個禮品!」

如何針對不同層級的消費者來設置贈品的銷售策略呢?針對低消費能力的客群,可以藉由「價格」來刺激他們;對於高消費能力的族群,要用「價值」當誘因去激發。消費多少金額以上的消費者,可參加抽獎或得到什麼贈品,對高消費者則要藉由身分感、榮譽感或稀有產品,使他們感覺到與眾不同,而且這份價值並不是花錢就能買到的。

例如,有一些具有特別寓意的酒,會採用特別命名或特殊造型,像是金門酒廠某某年份的什麼酒,全國僅限量多少瓶,或是哪些政商名流也收藏了,讓消費者覺得很稀有、超有價值、非常尊貴,那是一種身分的象徵。那麼他就容易非常動心,因為帶回去可以跟別人到處炫耀,得到很有面子的虛榮感。

　　針對有錢、有身分的高資產族群，若以普通贈品去刺激他們，並不足以引起他們的興趣，反而要用有寓意的贈品來當誘餌，他們才會更喜歡。原因是高資產族群會認為，比起那些可用錢買到的贈品，並沒有太大價值，並不會提高消費力，但富有珍藏價值的紀念品，反而更會吸引他期盼想擁有。

　　總體來講，「環環相扣、層層遞進」是指為每個消費等級去設定大的獎品，此獎品無論是實物獎品或折扣，必須變化多端才能吸引消費者增加購買慾望；而高消費族群，一定要用價值去打造它，去強調彰顯社會地位的尊貴感。

三、調整客單價，從想買一件到最後欲罷不能

　　經由「數量」來創造消費者的優惠感受，比如第二件半價、第三件三折，人們會心想買多好划算，雖然一開始可能並沒有想買麼多，但是一看到優惠後，心中便出現購買的衝動，吸引他願意多買幾件，即可有效地提高銷量。

四、從購買人數上進行設計優惠感

　　原來只有少數人來買產品，若讓他把他朋友邀進 LINE 社群，就有兩、三個人，甚至四、五個人以上，再祭出像是兩人同行，第二人半價，或是三人同行一人免費的特惠方案。利用團購搶便宜的心態，讓消費者自動找朋友一起買，一旦買的人變多，即可提升整體的銷售量。

因此，必須設計出讓人有想多找人併單的優惠感，使原本沒有很想買的消費者也因為想貪便宜，最後三個人都衝動購買，即是從購買人數上來設計的特惠方案。

五、產品捆綁法

比如買衣服搭配買褲子，兩件可省多少錢，或是再加買皮帶，三件總共多少錢的優惠活動，設計出「買 A 搭送 B」，以互補產品打包一起賣的方式，使消費者願意增加消費的銷售方案，即是產品捆綁法。

六、巧用結尾法

在結帳區設計出一處特別區域，將最高利潤的產品全放在特別區域內，告訴消費者只要再加多少元，即可買這一區的產品。此方法相信大家一定在屈臣氏看過，只要去結帳時，店員都會提醒消費者，現在有什麼活動，例如原價 199 元的洗髮精，現在只要加價 39 元即可購買，讓消費者有占便宜的心態，進而達到多消費的銷售目標。

至於「利潤率」又該如何解決呢？

在設置活動時，亦可運用倒推法，先評估這次行銷活動，想達到多少的利潤空間，此計畫來向前推算。舉例來說，假設無

論賣什麼產品，希望全場所有用戶購買的毛利率平均是 20％，將 20％ 倒推回去，將高毛利率與低毛利率的產品搭配銷售，如此一來，才能保證總體的毛利率不會低於 20％。

推出銷售方案時，如何做到不虧本，有一定的利潤空間，還要具有吸引力呢？

如果想把整體的毛利率拉高，亦可將產品推出各種組合，使幾個產品組合是具有吸引力的。很多店家藉由明星商品作為引流，不過萬一出現消費者都只買明星商品，不買高毛利的產品，該怎麼辦呢？

此時不妨推出「捆綁銷售」來操作，具體作法即是利用低毛利帶高毛利，將沒有利潤空間的產品搭配高毛利產品一起出售，以低毛利的產品做為引流，再推出加價購高毛利的商品，只要消費者買此組合套裝，利潤即可提升一部分。

另一種策略是「若能贈送就別特價」。例如買一送一，一下子可賣出二件，比起直接打五折，只能賣出一件來得好。若能送毛利高的產品會更好，因為它的原價高，但成本其實沒有那麼高，這樣搭售出去同時也達到提高毛利率的目的。

🔊 如何提升回購率？

一、多點觸達目標客戶

自己先讓目標客戶不要退出 LINE 社群，是為了後期能觸及到目標客戶，無論是加他好友、邀他進自己的 LINE 社群，或留下他的電話號碼……等。

二、給他下一次來消費的理由，有很多種方法。

想要培養潛在的客戶，列舉三項方法如下：

1. 首次消費送產品折價券或抵用券，讓對方還想再來消費

我去一間店家消費時，還收過類似借據的字條，上面寫著：「本店欠你一條魚，下次過來還你魚。」的字句，真是相當有趣的一家店，儘管老闆送魚，但是以一種欠條的方式表現，令人印象相當深刻。

在這個過程中，不但會對此店家產生好感，更會記住他們，若下一次想吃魚，馬上會想到這一家店。

2. 抽獎

透過抽獎方式，在抽獎箱裡放各式各樣的獎品，即使是小額紅包也無妨，不但增加趣味性，還可以順便讓他加 LINE 好友。

3. 回頭贈品的設計

送對方一年的禮品，並設定在每個月的幾號之前，皆可任意選小獎品，增加彼此接觸的機會。實際上，這種方法可綁定一年，等於提供消費者一年來 12 次店裡的理由。

以服飾店為例，當春天來時，消費者可參觀春裝，冬天看冬裝，每個月來到店裡，都有當季服飾可選擇，因此很有機會成交。由此可見，提供他下一次來消費的理由，甚至可以訂會員日，把每個月的幾號訂為會員日，當天除了有來店禮，甚至還可以享受打折，讓客戶有尊榮感，形成每月自動來店報到的習慣。

如此一來，每個月不用自己催，只要為客戶設定好福利時間，客戶便會養成習慣來報到。

三、給大家驚喜

舉例來說，在 LINE 社群發布接龍報數，舉凡是 2 尾即可參與什麼活動、領什麼獎品，只要此活動往 LINE 社群發，不少客戶會參與活動，當自己中獎時，通常會說：「哎呀！我好開心、我中獎了、我好幸運。」沒有抽中的則會說：「哎呀！好遺憾沒有抽中，何時還有這樣的活動？」發布一個消息，立刻引起大家的關注度，甚至是互動。

不只是報數接龍，像是電話號碼、車牌號碼，甚至連身分證字號、生日……等，還有很多玩法，都能設計出各種驚喜的橋段，使大家在群裡增加更高的凝聚力。

3-4

善用 LINE 社群三祕訣提高銷售額真 easy

LINE 群營銷胖達人陳韋霖

不管是 LINE 社群經營或裂變活動，最終本質即是洞悉人性。如何策劃一場讓別人甘心掏荷包的銷售活動，使之前快速累積的足夠信任，經由引流裂變的用戶進行成交呢？抓住三祕訣進行活動的策劃，便能輕鬆提高銷售額。

做任何產品或專案的最終目的，都是為了提升銷售，不過，光提升銷售額還不夠，原因在於若利潤空間不足，即使提升再多的銷售額，利潤也無法上揚，換言之，要提升的是「利潤額」。

剖析利潤背後元素

那麼，是什麼因素決定利潤額呢？在追求銷售額時有提到，首先得有銷售額，沒有銷售額即使利潤空間再大，利潤率也等於 0，所以得先有銷售額，再乘上一定的利潤率才是利潤額。

利潤額＝銷售額 X 利潤率

銷售額等於什麼？又是什麼因素決定了銷售額呢？

先來看看具體案例，以賣水果為例，今天賣了多少錢，便等於銷售額嗎？首先，要看有多少人買，平均每個人買多少水果？第二，平均每人都買多少錢？也就是客單價；第三，每人來多少次，即是重銷率。

利潤額就是等於什麼呢？

首先以購買人數再乘以每個人平均買多少，也就是客單價，而這個人買完之後，還會不會再買呢？如果他買一次，平均每次是 50 元，買兩次即是 100 元，這就是重銷。

利潤額＝購買人數 X 客單價 X 重銷率 X 利潤率

人數 X 客單價 X 重銷率＝銷售額

　　該如何進行活動策劃與設計，提升整體的利潤額呢？

　　最開始有提到，為了提升利潤，若按照此公式，每個環節都是相乘，因此將每個環節都最大化，整體利潤額相乘之後，即可得到倍數的增長。

　　顯而易見的是，如果能掌握好此邏輯，活動策劃就變得非常簡單，只要把每個環節都做到最好，整個利潤額就是最大的。

　　怎麼樣才能做到最好呢？

　　結合前面所提到的人性，若能準確理解每一種人性，並利用方法熟練掌握，相信可將每個環節都做到極致，若每個環節都做到極致時，最終就會得到一場高轉化非常成功的活動。

　　接下來，教大家一步一步按照公式來拆解：

◀ 策劃高轉化活動 DIY

　　首先，購買人數等於流量乘以轉化率，總共有多少人是願意購買的，這就是轉化率。流量乘以轉化率就是最終的購買人數，顯而易見，首先優化流量，其次再提升轉化率，就可以提升購買人數了。

有沒有辦法提升流量？

在前幾單元我們有提過怎麼提升流量，怎麼獲取種子用戶、裂變，也就是你在活動過程中，還可以繼續利用活動持續增量繼續帶來人，在活動過程中繼續宣傳，持續大量裂變，讓現有的這些種子用戶，每個人幫你宣傳，無論是發朋友圈也好，還是當你拉群也好，拉人也好，總之就是利用你現有的人數，不斷進行宣傳，不斷帶來流量，這就叫做裂變。你現在的活動過程中，也可以讓他再一步的進行宣傳。

就用裂變的六大方法，透過一場精心的策劃，人們不會覺得煩，反而會感激你的招數。那麼又要怎麼策劃呢？

比如，引導語一定是要為對方好，100％站在客戶的角度去想。你要客戶免費註冊你的會員，你就要分析給對方聽，加入會員對你有什麼好處，不但可以免費加入，還可享受非常便宜的會員價。如果你希望客戶幫你宣傳，你就一定要再多給對方好處，再送他什麼贈品。總而言之，你都要站在客的角度，只要能讓客戶占到便宜，基本上，客戶都是非常願意的，除了讓客戶能留存在你的社群內，並且讓客戶再幫你裂變，帶人到你的社群裡。

讓客戶能留在 LINE 社群裡，最大好處是有機會可以持續提供價值、沉澱粉絲，做什麼樣的活動都可以通知他去關注活動，只要提出有吸引力的活動，提出令人無法抗拒的成交方案，就有機會讓他再產生轉化率。

總體來講，你只要能讓社群持續大量增加粉絲數、繼續裂

變，進而解決流量的問題，購買人數等於流量乘以轉化率，只要你能透過一直辦活動、給福利，持續提供貢獻價值，讓客戶關注度及信任感提升，願意購買的比率就能提升，即可解決轉化率的問題。

此外，提升轉化率，還有沒有其他更具體的作法呢？

📣 提升轉化率五大撇步

以下為大家分析且可以直接作套用的五大撇步，快速提升轉化率：

一、現場送券

在活動過程中要設計噱頭，可以在他們參加活動時直接送他優惠券，告訴對方這張優惠券可享有 8 折優惠，或送什麼贈品……等等，不過要記得加註使用期限，標註只限本月使用。就會讓很多人心想，既然有這麼好用的優惠券，那就去看看吧！

二、以偏概全，製造優惠感

什麼叫以偏概全、製造優惠感呢？此方法可說是屢試不爽、百戰百勝。一家店都要有「引流爆品」，也就是「帶路雞」商品，讓別人感受到某一樣產品如此便宜，其他產品也一定這麼棒。總之，要比競爭對手的店或大家已有概念的價格還低、品質

還要好。

對方就會說：「哇！這家店好便宜呀！」對方會對這款便宜產品的好感度瞬間放大，把店裡所有產品的好感度同時放大，達到「以偏概全」的概念，也是常常使用的招數。

過去我也有運用最受歡迎的學習課程來吸引學員，讓他們用低價格、高價值的費用享受到此項服務，產生了大量的好感度，進而認為我銷售的各項課程皆有不錯的品質及口碑，這即是「以偏概全」的成功案例，所以造就未來不管我推廣什麼課程，回頭率也會非常高。

一開始，有些朋友問：「你的課這麼好又賣那麼便宜，到底會不會賠錢呀？」事實上不但沒有虧錢，反而還賺更多，原因在於透過一開始的便宜服務做為引流，畢竟第一次報名參與課程的學員，大多是為了便宜而來，來了之後卻發現 CP 值破表，後來便會陸續加碼。通常消費者在第一次的消費只是試探性，然而只要他第一次有了滿意的消費體驗，後續再推薦其他課程，都會很輕易地掏錢購買，像買其他的高毛利產品也是一樣，因此，利潤就相對賺回來了。

這就是用引流爆品先吸引客戶的信任。

在銷售初期，因為前端的信任度不足，必須要透過「引流產品」當媒介，而真正的獲利則要依賴後端的高利潤產品，因為先建立信任度，之後即可更容易成交。

「以偏概全」的邏輯並不難理解，此方法我相當推薦。

三、巧用贈品製造超值感

「人們不是要便宜，而是要貪小便宜！」若想提升購買欲望，讓對方覺得很想買，還有另一種好方法則是利用贈品。該如何使用贈品策略呢？

五點策略列舉如下：

1. 低成本高價值

不能買摩托車送賓士，如果贈品成本太高，賣的越多就會虧的越多。

2. 塑造贈品的價值

客戶並沒有判斷與識別公司產品價值的能力，如果無法塑造價值使客戶有感，不如不要送。

3. 贈送和主打商品相關的產品

例如：買鞋子送襪子、買房子送裝修、買西裝外套送襯衫等，都是不錯的方法。

4. 贈品最好是二至三個

當贈品只有一種可挑選時，萬一客戶不喜歡，反而會造成連主打商品都不買；當贈品可以選擇時，更有機會打動客戶，但也不要提供過多贈品讓客戶選擇，否則易搞混其價值。

5. 賣不掉的貨勿當贈品

特別是庫存貨，千萬不要拿來當贈品，客戶會以為此贈品也是公司產品，反而容易對公司帶來不好的印象，所以，贈品也講求質量兼顧。

四、製造急迫感和稀缺性

前面也有提到，若期盼消費者主動進行消費，往往要搭配這些元素才能如願，限時、限量、限贈品……等，否則對消費者來說，並不知道今天和明天買到底有什麼不同。所以，要用製造急迫感和稀缺性，讓他們立刻下單，否則是不會主動購買的。

五、不斷鼓動造就成交氣氛

想要提高群友們的購買欲，必須炒熱現場氣氛，如果能在現場營造出大家都很瘋狂的搶購熱潮，便能引起衝動消費的行動。舉例來說，巧用群托鼓動慫恿，不管是線上或線下活動皆可使用，當客戶再三猶豫不決時，一位群托不妨假裝成客戶跟他聊：「這太便宜了，這太超值了，這一定要買呀！」不停地推薦、鼓動氣氛，製造客戶搶購的氣氛！

此外，像是線下活動會場播放動感的音樂，更是不可或缺的重點，隨著現場的快節奏氣氛所感染，人們很容易衝動消費。雖然都是一些小細節，但卻非常好用。總之要不斷的鼓動，積極創造成交的氣氛。

★ 第四章

LINE 社群好難管？
經營眉角停看聽

4-1
活躍 LINE 社群的 4 大萬能妙招

LINE 群營銷胖達人陳韋霖

學習 LINE 社群經營與管理，如何才能使社群人數持續上漲呢？持續不斷的讓社群活躍，並且持續不斷成交，才是進群的最終目的，因為建 LINE 社群並不是為了只是成交一次，而是希望成員長期不斷成交。

建了 LINE 社群之後，有些人會遇到 LINE 剛開始運作時，社群裡非常活躍，不過一旦活動結束後就會非常冷清，退群率非常高，甚至有的社群面臨了垃圾廣告滿天飛的窘境，該如何是好呢？

很多群主不知道該如何繼續經營，甚至直接在社群裡推送產品資訊，或是活動銷售，然而越是這麼做，群友們不但不買單，反而會退群和刪好友，有經營 LINE 社群的群主們，很多會遇到這樣的問題，遇到這種問題時，該如何解決呢？

🔊 用 LINE 社群打造高黏性社群

有些人覺得，直接在社群裡推銷不行嗎？那確實是完蛋了，你將會發現轉化非常少，而且很多人甚至會因反感而退群。

如果整個 LINE 社群最終產生很好的成交，首先不要讓他退群，先讓他待在你的社群裡，然後再想怎麼樣去成交轉化他的問題，那是不是非常順理成章的流程？

前提是「LINE 社群要營銷」。

當群友在社群的參與度高，此時推銷別人才會看，有人認可、有人買單，即使是推銷也需要講究技巧。什麼叫做營銷呢？營銷就是先營後銷，要先有一定的經營，才順理成章有成交和銷

售轉化。

　　什麼叫做經營呢？通俗易懂來講，讓對方對自己有認知及認可，產生信任，最後不會退群，這就是經營。再者才是銷，也就是銷售。兩者之間的關係比重上，我主張營銷等於 80％ 的營加 20％ 的銷，換言之，經營在經銷中占的比重非常大。

　　最核心的部分就是價值，對群友們要有好處，他們才會願意待在此 LINE 社群裡，營銷等於是放長線釣大魚，先讓大家玩得開開心心，最後成交只是水到渠成。

**　　該如何活絡 LINE 社群，怎麼提升 LINE 社群的黏性呢？**

　　經常聽到有人跟我說：「我建個群，為什麼沒人說話，只有我自己在裡面硬撐，一點都不活躍，該怎麼做才可以讓它變成活躍的社群呢？」

　　每當遇到這樣的問題，我都會先詢問對方建立社群的做法。經過溝通發現，一般在建群時，遺漏了「抓潛」這項步驟，一般人建群之後，即不分青紅皂白地將人全邀進了群。

　　試想一下，假設一聲不響把自己邀進社群，進去後不知道這 LINE 社群的用途，不知道 LINE 社群內都是什麼人，自己會在 LINE 社群裡發問嗎？例如來到一家新公司，不熟悉公司組織框架及業務、不瞭解公司文化、不知道公司規定、更不瞭解同事，肯定會先靜靜的熟悉公司、觀察環境再行動吧？

根據長期研究發現，隨便建 LINE 社群會帶來的下列問題：

首先，需要清楚知道 LINE 社群裡需要什麼樣的人，他們擁有哪些特質，該用哪些方式去篩選出擁有這種特質的人？或是此 LINE 社群是操作什麼主題，要吸收該主題的受眾，甚至設立門檻，其中「收費」是最容易篩選的方法。

接下來是建立模板，以邀請的方式，一開始先邀請一些認識的朋友，作為種子用戶，將這些用戶經營一段時間，目的是正式對外招募社群成員之前，將社群氛圍、規則建立起來，再用一些自己寫的文案，邀請具備社群所需要該特質的人進來，才能讓先進來的人，進而影響和帶動後進來的人，讓新人快速融入社群，跟大家一起互動起來。

要想建立社群秩序和氛圍，必須先設立遊戲規則、創造共同的目標，讓大家遵守規則，也就是所謂的「板規」，在社群應建立社群的文化，基於社群規則和社群目標的驅動，所自然形成的產物。

由此可見，若要想社群活躍，必須先擁有「社群氛圍」和「社群文化」為基礎，而氛圍和文化，則是基於社群規則與社群目標的驅動產生，因此，可以得出「建立活躍 LINE 社群的四大萬能妙招」。

活絡 LINE 社群四大萬能妙招

一、確立社群規則和目標

目標：聚集一批同好、一起分享、探討經營經驗及分享內容，並依據社群規則和目標設置社群門檻。

透過規則及門檻，篩選出符合要求的社群用戶。

1. 做哪一行就會認識哪一行的人，發揮你的人脈關係，把符合要求的人，透過邀請制的方式，邀入 LINE 社群。

2. 明確制訂社群規則和目標，介紹社群成員概況，是讓用戶對社群從陌生到熟悉的過程。透過試經營製造出社群氛圍、形成社群文化。

例如 LINE 社群是「重機俱樂部群」，一開始的進入門檻便是「有重機的人」。

當 LINE 社群建立之後，要注意做到以下事項：

1. **帶頭自我介紹**：帶頭分享有價值的內容，取得行業領導地位。（你想要別人做什麼，自己要先這麼做，只有這樣才能服眾，進而得到大家的認可。）

2. **對每一位社群成員進行介紹**：刺激彼此之間互相瞭解、促進連接。

3. **鼓勵成員分享經營中的經驗**：比如在寶媽社群裡，你分

享教小孩的方法及經驗;如果你是顧問群,就可以分享如何幫公司提高經營效率、降低經營成本等等。

4. **鼓勵大家用紅包的方式獎勵經驗分享者**:每次分享好的經驗時,即可透過發放紅包來鼓勵分享。

5. **不定期私 LINE 社群成員、不定期舉辦線下分享活動**: 經由線下交流,不但可以讓自己和用戶吸收經營的經驗,還可以與成員之間形成更牢固的關係。

在 LINE 社群創建的初期,由於社群成員可能都來自不同的管道,群友對社群的認知也比較陌生,如果不能在短期內讓大家相互認識並得到認可,建立起社群氛圍與文化,社群很快會失去活躍性。

社群建立初期,如果沒有信心讓社群迅速活躍起來,那麼可以嘗試一下使用群托。其實在社交平臺經營的初期階段,群托的應用是很常見的一種方式,目的即是為加深使用者之間的關係,刺激使用者生產內容,完成平臺氛圍與文化的建立,所以你的手機可能要去多開幾個帳號,使用一些小號在群裡炒熱氣氛。

這時候,社群的規則與目標早已確立,社群文化與氛圍也在經營的過程中建立,就可以考慮下一步:**社群拓展**。

二、依樣板吸引夠門檻的用戶進群

1. 在此階段,因為已有一定的社群基礎與成功案例,即可提高門檻,比如社群裡滿 60 人才能進群實操,或有付費 999 元才能進群。

2. 依靠成功案例,並利用口碑傳播和自我推廣的方式,吸引夠門檻的使用者進入社群引導連接、迅速馴化社群新成員。

3. 新人進群後,引導老人們舉行歡迎儀式,向新人打招呼說歡迎入群,讓新人感受到社群的氣氛。

4. 對新人進行介紹,拉抬一下新人身分,刺激新舊連結。

三、整合社群整體價值,實現價值轉化

當 LINE 社群經營到此階段時,已趨近成熟,在繼續進行常規經營的同時,要做好價值變現。透過整合大家的前端服務,作成「聯盟大禮包」,讓群友們可將此禮包作成超級贈品送給客戶,一方面能讓產品更好賣,另一方面又可以協助群友進行引流,那是多贏的局面。

四、吸引更多商家來社群作廣告

其實,社群還有一些廣告的價值,主要是以粉絲總量吸引其他商家,因此不妨以此為籌碼,吸引一些企業廣告主做廣告投放,或者是吸引投資者對社群進行投資等。

人們為什麼要進入我們的 LINE 社群，甚至待在社群裡呢？因為社群有價值，因為社群有紅利，必須要讓所有進社群的人，都有這種物超所值的感受。

做事情的結果大小，取決於用哪個維度的角度去思考問題。換言之，為了達成某個結果，是否具備布局思維、立體思維、生態思維，還是用點狀思維、線狀思維、平面思維？

進 LINE 社群如果只想發廣告，那是一維世界，結果是可能被踢出社群；如果自己會建群發廣告，這時就晉升到二維世界；在群裡互動聊天，加好友談心送資料，給人價值，建立信任感，再給人幫助，讓別人利用自己，主動追蹤動態，進而瞭解自己時，也就進入三維世界；學會搭建基礎框架，掌握構建自己的自動化流量、魚塘的框架邏輯，從而達到巨大的自動化流量池，並有更多的機會銷售產品賺錢，即是最高的境界。

給大家一條賺錢公式：賺錢＝產品 x 流量 x 成交率

如果接觸的人夠多，即可得到各式各樣的項目，一旦手上的產品很多，如果有建立自己的社群，流量將會很多；如果銷售觀念很好，又懂成交方案及成交流程，那麼成交率會很高，如果這三個都能拉高，賺錢只是水到渠成。

社群可滿足賺錢公式所有條件上的所有系統。

很多社群最後面臨漸漸消亡，為了提升社群的活躍度，減

　　少退群的現象，也阻止大家在 LINE 社群裡亂發一些不注意別人
感受的行為，群主得設置一些提升活躍度方法，下個章節為你說
明。

4-2
六大妙計打造 LINE 社群死忠鐵粉 ⋮

LINE 群營銷胖達人陳韋霖

> 想提高 LINE 社群的黏性，並不是一件容易的事情，因此，群主要更積極的使用六大妙計來經營 LINE 社群，分別是特權、福利、娛樂、關懷、內容和活動，藉此提高群的黏性。

在網路時代，大家已習慣了 LINE 社群更開放、更沒有等級機制的溝通機制，社群也成為建立網路社群最重要的線上溝通工具，如何讓 LINE 社群有生命力、有活力，又不至於因缺乏約束呢？從提升活躍度出發，具體而言有六大妙計，分述如下：

一、特權

若想讓別人最終產生銷售和轉化，首先要保證大家在 LINE 社群裡，不能退群，只要能在自己的群裡，接下來，才能夠觸達到他，所以，是否應給群友不得不在 LINE 社群裡待著的理由呢？即使群裡再吵也不捨得退，為什麼呢？因此，讓他在群裡才能獨享的理由即是特權。

此 LINE 社群要給群友塑造出非常強勢的場景，讓別人處在這個場景裡，立刻可以想到群主，讓新朋友入群後做自我介紹，提供照片及提供資源對接的機會。

舉例來說，在「韋霖班主任學習群」LINE 社群裡，常常都會把一些日常生活的所見所聞在群裡分享，也會把上課所學都在群裡分享，上課資料也會在群裡發送，一直不斷的更新，讓這些待在群裡的人感受到，這個群是不能退的，這個群有超級價值。

甚至我再多做一個動作，在其他流量群裡貼我們等等會在「班主任學習群」分享一些超級乾貨，讓其他流量群的大眾，充分感受到「班主任學習群」有特別的資源，是一般的 LINE 社群所拿不到，並引進大咖人士，讓大咖人士為 LINE 社群加分，讓

班主任群的學員，感到待在此群裡特別有榮耀感，就是要給人們營造特權場景的方法。

二、福利

群福利包括紅包雨、送禮物、抽獎、團購機會、線下活動、聯盟活動…等，別忘了儘量多讓更多的成員得到福利，而不是每次一發紅包只發個兩個，發到讓更多人拿的到，更容易帶動更多群友的活躍積極度，再來，既然是發福利就要帶來一點效果。

有時候，看到性價比高的產品，也會拿來群裡團購，重點是這個團購不是用來賺錢的，因為比起只賺個幾十元來看，賺到群友的信任才是重中之重，讓他們習慣在你的群裡付錢，這才能帶來效果。

另外還有很好的作法，結合群友的前端爆品來作聯盟大禮包，即可當成福利，一方面可以為群友產生新的客流量，讓群友覺得群裡有很多各式各樣的福利，讓每個人都願意提供福利給群友，也讓每個群友有機會相互做銷售，而且買自己的東西送更多，造成多贏的局面。

三、娛樂

具體的娛樂應怎樣玩呢？天天讓群主發紅包沒人受得了，因為都是成本，所以，有時候也會讓群友一起發！舉例來講，比如搶紅包手氣最佳的朋友，要再發一包出來，或是在群裡有獎

徵答時，讓自己的群托 (小號) 把大紅包接走，並且截圖貼上群內，可節省成本也有遊戲效果，或是把一些抽獎的性質加進去，帶點娛樂性質來做福利，使付出的成本得到更多的收穫。

加入娛樂的元素是因為玩的過程中，很容易加深感情，群友自己玩起來了，他們的感情，也會更加緊密。甚至也可以在群裡迎合群友們的一些喜好，提出一些電影分享，娛樂，八卦，明星，幾個小笑話，大家也比較喜歡聊，群友就會非常的活躍，這樣大家會非常有參與感，不會覺得說這 LINE 社群很行銷，會覺得這個群很有親近感，甚至只要在群裡面有歸屬感，也能快樂交朋友，感覺很輕鬆，整個群的氣氛就會非常好。

四、內容

亦可稱為專業知識、見聞，或認知方面的提升；福利是以物質面為主，讓成員直接實實在在的獲得物質，娛樂即是精神愉悅，帶動群的氣氛。

如果物質有了、精神有了，另重點就是內容，如果能把它做成知識更好，也就是說，要讓大家能學到東西，能讓成員成長，畢竟很多人都喜歡成長，很喜歡自己有所認知提升。

舉例來說，每次我參加很多學習課程之後，都會把一些上課的精彩內容作筆記，直接就發在「班主任學習群」裡，並在群裡跟群友作討論，作互動，將會發現每個班主任學習群的群友參與度非常高，為什麼？

因為大家覺得能學到知識，可增長見聞，他們不用花時間、也不用花學費，甚至也不用作筆記，只要看我分享，即可有學習上的收穫，這個一直都是「班主任學習群」非常驕傲的功能之一，對我來說，通過課堂上的學習後，再由自己的整理，並輸出分享後，我自己的學習收穫更大，也進而提升了群的黏性。

最重要的是什麼呢？給群友聽完我課程的分享，或是講師的推薦之後，將會發現很多喜歡學習的朋友，就會拼命的問：「這個課程要怎麼報名？」「何時才會再開課？」也會想來付費學習，即是傳遞思維的過程，或是說委婉地給她學習思維，這過程雖然沒有直接推銷，只透過知識點的分享，自己就會想下單，讓有需要的群友直接去報名課程，進而轉化。

經常在群裡分享一些認知提升方面的訊息，對群主的認可都會非常高，相信他們聽完了學習分享後，未來他想報任何課程，都會第一個先來問我。

無論是福利、娛樂、還是內容，我都給大家營造了在此 LINE 社群裡能得到價值，也就是前面提到的，前提條件是「利他」。任何內容的輸出，都要讓別人提升認知，獲得成長增長見聞。

五、關懷

除了特權、福利、娛樂、內容，還會在群裡加入一些有溫暖、有溫度、關懷性質的部分，比如說天氣預報、節假日祝

福……等等。

　　有時候因天氣忽冷忽熱，若沒有注意很容易中招，所以，只要特別天氣的變化，就會特別在群裡提醒群友，甚至提醒每一週天氣預報，整週的天氣，提示這一週哪一天會有特別變化，提醒大家是否多穿一點或是要帶傘，每當節假日來臨時，亦可在群裡給大家祝福，祝福時一定要非常真實，這操作非常簡單，最好是自己打字，不要拿來一看即是轉發的內容，給群友提供價值。

六、活動

　　若經常發布以上訊息，可讓 LINE 社群非常活躍，當培養群已有一定的黏性、較活躍時，日後再推銷是否能較有高的轉化率呢？做這麼多動作，都是剛所說的銷售裡的「營」，而「銷」也就是活動。

1.　一定要在時機成熟時，千萬不要操之過急，例如 LINE 社群裡還沒有活躍度時，或是還沒有信任度時，已和群友們推銷，或是直接推廣，很容易造成對方不買單，甚至退群。一般而言，社群必須先經營，後續才會在慢慢搭配銷售方案，而不是社群一開始，即開門見山的推出銷售方案，很有可能會適得其反。

2.　循序漸進，不要同時發布十多條訊息去銷售，一般來說，一天最多一個方案即可，切記勿同時丟出二到三個成交方案，會令人眼花瞭亂、措手不及。

3. 線上成交一定要臺階化，強調的是形式要先從小金額的爆品先拿出來賣，千萬不要都沒有成交經驗之前，就把整個店裡有什麼的產品全部搬出來，如此一來不但效果不好，別人只會感到困擾。

所以，我在群裡發的內容一定先從思維開始傳遞，再推出爆品方案，當然此方案必須先從開始塑造產品的價值，同時也加入贈品、無風險承諾、稀缺性及急迫感……等元素，提供群友無法抗拒的成交方案等。

除了線上的活動以外，線下聚會也是讓群活躍的重要手段。因為是建立真實人脈圈的關鍵，參與的人會對自己的 LINE 社群更有關注度，也可以提升信任感，對於未來群的成交轉化，都有很大的加分效果。

總而言之，給他不要退群的理由，讓他有尊榮感叫做「特權」，只有在某些付費的群裡，才能享有這些特惠，接下來，要想辦法怎樣提升大家的聯繫，用「福利」讓大家實實在在的撈到好處，用「娛樂」拉進與成員的距離，提升群的氣氛，用「內容」增長大家的認知和建立信感度，並且用「關懷」提升群的溫度，然後再通過巧妙的「活動」，讓大家進行轉化。

整體的前提就是利他，可能很多學員會問說這麼多內容，我到底應該用哪呢？

我認為每都很值得去作測試，不同類型的受眾會有不同的反應，一定會有適合你的作法。

4-3
如何解決 LINE 社群管理的疑難雜症？

 LINE 群營銷胖達人陳韋霖

> 很多學員問我：「面對管理 LINE 社群的疑難雜症，已很困擾了，還要娛樂、關懷、內容、活動、特權……等經常保持這些互動嗎？」那麼，到底該怎樣做才洽當呢？

根據我的實戰經驗操作，一定要讓大家形成規律，將 LINE 社群裡輸出的所有的內容制訂排期，在 LINE 社群裡進行時，讓大家形成習慣。

讓群友養成規律 LINE 社群管理真 easy

舉例來說，我有個 LINE 社群是「吃喝玩樂路演群」，內容是每週三晚上六點半在三重辦的路演活動，一開始都需要靠接龍並在 LINE 社群不斷宣達，後來學員們已習慣了，星期三自動就會報到，也不用再特別宣布。

再舉一例，每週五都是會員訓練日，有我的「班主任落地實操線下課程」、也有其他老師的課程，因此，週五亦可當成會員學習日，週三則是會員相見歡，給會員做生意，群主都會在每週一公布近期的學習活動，甚至在群裡，跟群友一起進行紅包接龍……等。

或是經常在上午發一些勵志性的文章，激勵大家有正能量，長時間運作下來之後，群內的會員們在 LINE 社群形成特有的規律，養成什麼時間應參與什麼活動了。

目的就是培養群友的習慣，讓他們不斷地每天都要進 LINE 社群看一下，只要群友形成習慣以後，也養成對 LINE 社群的依賴。

使群友養成規律性的活動，必須先打造 LINE 社群的規則，

時間久了就會形成習慣，到時候都不用提醒大家，又到了學習日、又到了推廣日，長時間 LINE 社群裡的交流及互動還是非常豐富。

LINE 社群活躍度越高越好？

　　管理群還有另一項難題就是「活躍度」，有的學員問我：「群的活躍度是越高越越好嗎？」其實並不是，該活躍時活躍，該休息時要休息才是最好的，為什麼呢？如果 LINE 社群太活躍，但是，內容產出都不是有價值的資訊，例如都是三五個人在閒聊，可能會洗太多的版，甚至半夜聊天還會吵到別人，會覺得這個群價值很低，便很容易退群了。

　　所以，LINE 社群都是趁辦活動時，大家都在可以狂歡一兩個小時，但是時間到了 11 點後就應休息，總體來講，不要一天到晚在那活躍，不然如果群友每次點進去一看，都是好幾百條未讀訊息，他會很焦慮，一看都是瞎聊天，也會覺得價值感非常低，就會不想待在 LINE 社群裡，也要特別管制，以維持整個群的價值。

　　如果 LINE 社群原本人數比較少，大家能夠熟悉的過來，能夠認識的過來的這樣的程度下，所以大家就會聊得比較來，這 LINE 社群還是比較活躍，但是，如果繼續往裡灌著時，會發現說話的人，越來越多時已人多口雜，說的話也越來越多。

　　原來群裡的人就會覺得很吵，而且他們覺得新進來的人都不熟悉，最後就會慢慢選擇不看了、或不說話了，最終這 LINE 社群就冷卻了，也就是說，隨著進來的人越多，以整個原來群裡的熱度，也慢慢蒸發了，最後 LINE 社群也慢慢冷下來。

◀ 善用群托解決麻煩

　　當商家在在群裡想把產品賣出去，卻有些人對產品有疑問，卻又不敢去問時，相信也很多人遇到這樣的問題，首先要打消他們的疑慮，這時候，不妨透過 LINE 社群拖來拉高群的氣氛，對群友也得到了解答，或在活動期間，也需要群托來提升產品的價值，讓群友覺得這款產品原來很貴，現在很便宜或這個產品真的好便宜，好划算，現在終於降價了……等，以上都要由群托在 LINE 社群中塑造價值及氣氛。

　　群托的功能還不只如此，實在太多了，例如有一次在 LINE 社群裡，有人質疑我的過去，這時候，有幾個鐵粉覺得不對，馬上打電話通知我，群裡好像有人一方面質疑我對鬧自殺的群友不聞不問，一方面又起底我的過去。

　　一開始我先不說話，先看看到底有多少人質疑這個事情，後來發現，有好幾個人在討論此事，其實對我來講，當時是非常大影響的事件了，一開始想乾脆請鐵粉直接把這個質疑者踢出群，但後來想想，如果把這個人踢出去，不就自己承認這些過去

不好的事，那就真的是完蛋了，群友們肯定會覺得我有問題存在，因為心虛而踢人。

於是，我的解決方法是直接針對群友質疑的問題發表「完全可以理解」，因為發生一些不可抗拒的事，導致我在過去發生一些問題，直接在群裡做更深入的說明，此時群托的功能就出現了，直接表態每個人都有過去不為人知的一面，到最後，一堆鐵粉也出面搭腔，此時反倒是質疑者說：「不好意思，我也只是小小的提問一下」這時候反倒是他沒有立場了，這時必須馬上給他找臺階下並回應：「沒事！」最後反而是也覺得不好意思就自行退群了。

所以群裡有群托來圓場，來幫腔，來引導，會使得讓最終整個群裡的氣氛是一片祥和，扭轉原本無法收拾的局勢，讓整個群引導到最後都是很正面的訊息，反而使 LINE 社群的凝聚力更集中，因此群托的協助不但增加群的向心力，還讓大家加強了對我的品牌信任，所以群托的功能相當的強大，一定要好好的使用。

◀ 如何解決 LINE 社群「廣告滿天飛」？

還有學員經常問我有關「廣告滿天飛」的問題，其實，任何玩群的人都存在這樣的問題。在此提供有幾個方法不妨試試看，直接專門建打廣告的群，並且跟群友說：「想打廣告嗎？現

在給你們建了寶貴的群，來吧，打廣告的都來這裡。」

　　如果專門設廣告群，還在原來的 LINE 社群裡打廣告，如果再三告知也屢勸不聽，那麼，只好直接踢群，如果不踢他出群，確實會對此 LINE 社群造成一定程度的影響，為了不讓別人進行效法，打廣告的情況一定要及時處理。

　　如果不管制，這個群就會被愛發廣告的群友們一直發，發到大家都想退群，因此在 LINE 社群的經營過程中，經常會遇到這些難題，提供以上解決方案，希望大家能夠利用以上的方式，去經營自己 LINE 社群所面臨的各種問題。

4-4

善用二八定律打造 LINE 精準群

 LINE 群營銷胖達人陳韋霖

很多學員向我反映:「老師,按照自己前面講的建群裂變,活動策劃和經營,我發現 LINE 社群越來越多,也跟學員進行銷售和轉化,生意也越來越好,不過社群太多,沒時間經營群了。」當 LINE 社群經營出現以上困擾時,那麼,學會經營「精準群」便顯得格外重要!

「隨著不斷裂變，LINE 社群也越來越多，花在群經營的時間真的太多了！」每當有同學提出以上問題時，代表必須學會把 80％的精力放在 20％有價值者的身上。一旦把產出的精力都花在對的人身上時，等於能直接帶來產出轉化的人，這些人有意願、有可能去購買自己的產品，或是已購買自己產品的這些人，也就是一些精準人群。

從二八定律找出精準客戶

一開始建 LINE 社群時，目的就是要找到大量的流量，先把用戶基數放大，讓他們進入流量池，所以透過免費課程進行撒網引流，大量撈魚，但後續慢慢的建了很多很多的群後，然後，透過思維傳遞加上置入性行銷後，挑選那些願意為價值買單者，也就是所謂「精準客戶」。

只要是有產出的朋友，即可把這些人移到另外的收費群，這些人因為已經買單了，再把他們另外篩選出來，因此，後期重點經營這些人，即是把 80％的精力用到了 20％有價值的人的身上。

不過，該如何篩選這些人，又如何挑選出精準的目標客群呢？首先，把這些有消費意願的人，透過一些先端的銷售過濾，引導他們進入收費群裡。

以 LINE 社群經營區隔不同粉絲族群

當不同屬性的 LINE 社群，都做得更加細緻時，整個 LINE 社群在經營上會更一目了然，因此，當初為何會建這些群，例如自己的產品從哪些維度，可以把大家給區分開，是消費等級嗎？金額嗎？還是他的什麼樣特徵或喜好…等，每個產品都不一樣，答案因人而異。

每個 LINE 社群裡的內容，必須做到有「針對性的服務」，也就是更具體的服務內容。比如說我有個「銷售信賺錢群」，特別是為了想學習如何寫文案的人提供服務；「公眾演說群」是以想學習如何「一對多批發式成交」的對象來提供服務；「班主任學習群」則以想學習「怎麼經營 LINE 社群」的族群提供服務。

此外，再配合個人號和動態朋友圈的經營。

有些人比較忙，不願意待在群裡，因為沒時間去爬樓，自己也可以配合另外有效的經營。一對一跟他聊，或是發朋友圈，發一些他們看得到的，或是他們想看的內容，像是個人 IP 和動態朋友圈的經營，其實是非常重要的操作。

整體來講，把精力放在精準的客戶身上，針對不同的人群進行不同的內容經營。

換言之，要先把 80％的精力放在那些 20％的人的身上。將自己的產品進行區分，建立精準群，不同群裡就用不同的方式經營。

4-5
天天落實八大步驟 LINE 社群輕鬆管

LINE 群營銷胖達人陳韋霖

隨著各種主題的 LINE 社群興起，LINE
社群也變得越來越重要，不過，回到根本
原因在於「人是群居動物」，畢竟在群裡
有很多自己的準客戶，無論自己的客戶或
產品的客戶、代理商、人才、合作方，在
LINE 社群裡都有辦法慢慢成交。

　　很多學員經常問我：「如何管理 LINE 社群，怎麼運作得當，再慢慢引導成交呢？」

　　過去也在公司教團隊或代理商們一些方法，因此，關於群的重要性不必贅述，然而，LINE 社群的原理套用在其他平臺上包括像 FB 或微信的群。

◀ LINE 社群經營四大目標

　　如果自己是 LINE 社群群主，一直找不到方法管理很多 LINE 社群時，也會感到相當頭痛，若交給團隊去管理，但團隊又不懂如何經營，此時要如何教會團隊，又是另一門學問了。

　　身為群主，建議 LINE 社群經營至少達成以下四項目標：

1. 群很活躍，大家在裡面積極主動的交流分享。
2. 群能成交最大化，也就是通過這個群，自己能很好的賣出自己想賣的產品。
3. 群裡每天要有幾個人在裡面分享乾貨，貢獻價值。
4. 身為群主，每天都要在群冒泡，營造群裡的良好氛圍。

🔊 LINE 社群輕鬆管的 8 大步驟

那麼，如何實現這個目標呢？群的管理 8 件事情：

一、群的基本設置

1. 群名稱取好，名字不宜太長否則無法顯示，即使別人截圖去分享，他的粉絲也看不到群的全名。

2. Tagall 是很好的功能。可能要花點費用安裝「機器人功能」，可以一次 @ 全部的人，是個很好的黃金廣告板！因為大家都能在當下看到提醒！因為會 @ 所有人，讓所有人都看到。比如，群裡最近有什麼事情、活動或通知等，只要一下 Tagall 的指令，會自動 @ 所有人，讓所有人都看到，跟微信群裡的公告是一樣功能。可一次提醒 LINE 社群全部成員，此功能相當強大，可以好好發揮。

3. 如果自己是群主，自己需要釘選這個群，若 LINE 社群裡有資訊，自己能第一時間看到並回覆。若自己置頂以後，即可找到所有自己釘選的群，速度會快很多。

4. 「暱稱」也要取好。畢竟不認識自己的人，將會透過暱稱瞭解自己。舉例：我的暱稱是「社群營銷胖達人」，那麼，每次在群裡發言時，對方都會看到這個名字，也會被這個名字催眠，催眠久了，對方會想瞭解如何操作

社群營銷，想看我到底能怎麼幫他，那麼，最後他自然會加好友私聊。這一招好用也簡單有效！

5. 找聊天內容，自己搜索想看的內容或以前的內容。有時候，自己想查一下有什麼活動，即可快速用此放大鏡點一下，去找自己想要的內容！

6. 設置當前的聊天背景，此功能也很好玩，設置背景，當截圖發朋友時，自己的粉絲都可以看到。比如把聊天背景設有加上自己 LINEID，當其他群友每次看著看著，久而久之，都會加你好友了。

7. 用電腦登錄 LINE，很多人不知道為什麼我發 LINE 的動作這麼快，認為在手機上打字，速度怎麼可能這麼快。其實，都是利用電腦複製貼上，未來在經營群時，必須得學會電腦與手機一起用，直接在電腦裡分享乾貨，推廣課程內容，不光是手機登錄，也在電腦裡打字、傳檔、相片……等，速度非常快！

二、作為群主，每天早上要在群裡發叫醒紅包

很多人一大早起床，如果在群裡看到紅包會非常開心，哪怕只搶到 1 塊錢，也會覺得今天大吉大利，一起來就搶到紅包。不妨在早上七點、八點、九點發都可以，也叫醒大家起床。

有人可能會問：「我沒有那麼多錢怎麼辦？」實際上，若自己每天發叫醒紅包各發 1 塊錢，只發給 20 個人，自己每天發

20 個紅包才 20 元，卻能為這個群留下非常好的兩個好印象，一是他們會覺得自己非常堅持，能堅持的人品質都一流，值得信任；二是他們一直拿到自己的紅包，就會有什麼好事，也會想起自己。

尤其是當他們想要買自己有賣的產品時，在第一時間內肯定找自己，因為每天都被自己催眠，無形中建立了強大的心錨，若此心錨持續一年將會非常強大，到底強大到什麼程度呢？

例如，自己一拿起手機馬上打開 LINE，一蹲馬桶也會想進自己群。這些也是條件發射，這是我們給自己建立的心錨，讓自己離不開 LINE 社群，甚至是生活的一部分！

我認為 LINE 社群不僅僅是聊天的地方，而是成為平臺，更加能成為人們生活的一部分，成為一種生活方式！

三、經常發布群規則，至少每週發一次，提醒大家也告知新進來的群友

群規其實很簡單，這裡有簡單範本供參考：

《本群群規》

1. 禁止發廣告，也不可以在群內進抓潛行為，違者第一次警告，第二次直接踢出。

2. 歡迎在群裡分享乾貨，貢獻價值。但不建議政治及宗教內容，以免吵架！

3. 歡迎自己每天在群裡發個小紅包，讓大家記住自己。

4.   當群友有問題提出，可在第一時間回應與幫忙，讓大家
     記著自己的好。

5.   除了分享乾貨外，如果有好玩、有趣的，也記得分享到
     LINE 社群裡。

6.   記住！交朋友第一，因為朋友是一輩子的財富！有機會
     也常常參加 LINE 社群的線下活動喔！

四、身為群主，若當場發現有人發廣告，必須在第一時間按群規處理

第一次警告，第二次踢出。只要一處理即要告知大家，讓
大家引以為戒，不然自己悄悄把這個人踢群後，其他群友還以為
發廣告無所謂，可能會群起模仿，如此一來，會形成惡性循環。

所以，第一時間在 LINE 社群裡警告這位發廣告的朋友，踢
出時也在 LINE 社群裡提醒大家，其他群友即不敢亂發廣告。

五、當群裡有交流時，自己要第一時間回應

只要是有人提問，有人在交流，你就一定要回覆。為什麼
呢？因為自己身為群主，一方面有這個職責。哪怕是 上，也要
第一時間回覆，這是群主該做的。與群友互動，增加信任，但記
住一句話，溝通的目的，為了引導成交！所以當自己在群裡回應
對方時，不是盲目的回應，而是帶著目的去回應。去引導成交。

比如對方問問題，自己即可回覆，回覆的過程中，可以分

享自己最近接觸的人事物，並且帶上自己有合作在賣的產品，置入性行銷，亦可順便問對方有沒有意向等等。

　　雖然是自己的群，也不能做成交，只能做誘惑！換句話說，是自己誘惑對方，但是當對方想要購買時，自己讓對方私訊溝通，即使成交了，也不會讓群友反感。

　　但有時學員會回覆：「我做了啊！我發了消息，沒人買我的產品。」我想提醒的是，在網路上要連續刺激 7 次，而且是不同的刺激方式，自己的客戶才會有意願，購買自己的產品。

　　才在自己的群裡。發了幾次消息，群友的購買熱度還沒有起來，怎麼會跟自己購買呢？需要過程，任何事情都是足夠的量變，才能產生質變！自己的量變還不夠，群友自然不會被自己成交。只要自己量變夠了，成交很簡單。

六、身為群主，在群裡每天要分享一段乾貨

　　每天分享一段乾貨，例如一篇文章或一段乾貨，像是複製我在班主任群裡分享的部分內容，持續在群裡貢獻價值。

　　其實，發乾貨並不難，我教一個小絕招：自己當天的朋友圈動態中。或是從別人的群裡，發一些不錯的內容，像是選一條比較乾貨或軟廣告的，轉發到自己群裡即可。

　　當圖片配上一段文字、文字配上網址連結、單獨一段文字分享。簡單又直接，只要堅持，時間久了就會出現「量變產生質變」的效果。

那麼，一天發幾次才好呢？其實，只要是合適的內容，都可以在群裡分享，沒有特別的限制，不過，儘量別發太硬的廣告，特別是自己在別人的群裡，就很可能被直接踢出群。

一旦自己分享乾貨和軟廣告後，即會吸引別人加自己好友、或私信來與自己溝通，而後能成交的自己，即可進行溝通引導。

LINE 社群經營是浸泡式的過程，釣魚需要耐心，別以為一兩週即可成交，從認識到建立信任，最後到締結成交的階段，起碼也要一、二個月，才會開始慢慢出現效果，堅持很重要。

當自己每天在群裡分享一段乾貨，也會帶動群裡的分享氛圍，形成一種習慣，也能促進向心力。

七、在群裡，自己要安排群托

很多時候都用得上，無論是群裡有人不聽話，自己欲言又止時，即可借用這個小號來投訴對方；或者自己做引導成交，沒人配合自己時，自己可以讓這個小號來配合自己。

別人一看自己在群裡，跟另外群友聊天，而這個群友問了一大堆，關於自己產品的問題。無形中，其他群友也看到所有的問題和解答了，也被自己的產品催眠了。不過，大家並不知道，這另外群友的真實身分，實際上，卻是自己的小號，是自己在自問自答。然而，前提是自己的產品確實是好產品、是自己所認同的產品。

八、群主的核心只有「為大家貢獻價值」

　　更具體的是，解決群友最關心的十個問題。便需要自己去用心體會，如果自己用心思考及行動，將會發現有許多可以為群友做的事情。

　　例如，每週可以進行組織一次群內強人分享，讓其他人好好聽，也得到收穫和價值。這個強人，也曝光自己、幫助他人，宣傳自己。比如像我每天也在群裡做個分享，分享大家自己最近不管是碰到的案例，或是上過的課整理成的的一些乾貨。

　　比如，自己可收集這個群裡所有人的通訊錄，一旦收集好了共用出來，讓大家彼此之間瞭解對方是做什麼的，自己亦可去牽線搭橋、幫大家整合資源。只要自己付出，就一定會有收穫！

　　此外，還可以組織群友的線下聚會等，其實，可以做的事情無窮無盡，核心是「解決群友最關心的十個問題！」這麼做的目的，在於「不斷創造價值、貢獻價值！」最後的收穫也會源源不斷，因為他們都相信自己，既然相信自己，那麼購買自己的產品、成為自己的合作方……等，就非常簡單了！這些方法必須真正操作實戰過，因為「信任是一切成交的核心」。

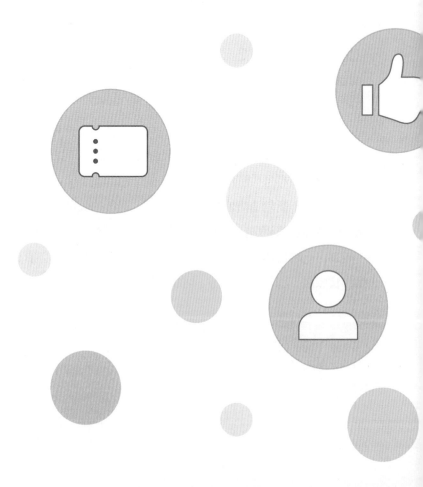

第五章

LINE 社群經營做好做滿
讓行銷到變現一次到位

5-1

神祕五招精心打造 LINE 社群個人號 IP 及動態 ⋮

LINE 群營銷胖達人陳韋霖

有了 LINE 社群，也瞭解 LINE 社群經營
的眉角，接下來，該如何達到社群矩陣，
進而打造 LINE 社群個人號 IP 及動態呢？

　　首先，要學習的是人物設定，有人問：「只是開個 LINE 帳號而已，為什麼要做人物設定定位呢？」實際上，它的最終的目的是為了更容易作銷售的轉化。

　　個人號的打造，先打造自己的形象，制訂人物設定，圍繞在自己行業的人物設定、江湖地位、頭像、背景牆封面，個性簽名如何設定等等。個人號的 IP 就是第一印象，所以首先得設計一下自己的個人號，塑造一種形象。如果有經營自己的人物設定，就會在這個行業下比較輕鬆的吸引別人。

　　這個時候別人才知道自己是誰，是幹什麼的，就是這樣的道理，那麼個人號，自己想要打造？首先想一下，應以什麼樣的姿態面對群友？就是自己的人物設定及定位。

　　再把社群矩陣帶入，開始搭建框架，搭建系統，搭建維度高度，未來會有三大好處：

1. 流量是小兒科。
2. 一出招，自己就是這個行業裡的頭。
3. 未來兩年在行業裡面橫掃江湖。

🔊 打造個人 IP 的五大方法

第一招：定位，找方向

　　定位的方法，屬性必須垂直、聚焦、明確，自己是自媒體明星。先給自己取名字，定位是點，點是零維，是最小的，也是

最大的，所以越垂直越聚焦就是極致，就是最大的市場，沒有定位就沒有地位，有些人的 LINE 帳號，常常無法給人們有些印象，因為他並沒有重視他自己的頭像，用了動物當頭像就算了，也沒有放上自己的中文名字，就很難讓別人知道自己是哪位，因為他完全對他自己沒有定位，沒有作出自己自己的 IP 了，這樣就完全無法去累積自己的帳號價值。

　　自己一定要記住，自己的帳號的價值是可以累積的，用自己真實的照片及好的定位來累積自己的價值。例如我就是社群營銷胖達人，或是你也可以取個逆齡美魔女等 IP 定位。

第二招：布局

　　進入二維世界，鋪線、鋪面，形成骨架，橫向、縱向交錯，透由不同的社群，形成生態矩陣，多設計一些活動讓不同的人參與，才能跟自己建立更多的信賴關係。

第三招：內容的塑造

　　內容是就是血和肉，也就是能量場。所以，這個社群有沒有能量場，不在於自己數量多少，不在於自己骨架設計多麼龐大，而在於骨架裡面承載了多少血和肉，也就是社群的生命力內容。要麼自己能產出好的內容，要麼能嫁接好的內容，自己寫不出來也沒關係，至少也要從我的班主任學習群裡去複製貼上，甚至到其他班主任群去嫁接。

第四招：經營

　　身體有骨架了，有了血肉，還得有經絡經營，自製自經營才是社群生態的未來，透過線上線下虛實結合，除了在線上貢獻價值以外，記得也要辦一些線下的活動。

第五招：核心壁壘

　　同頻的人聚集在一起，連結巨大能量和流量。當時代進步，要隨時保持吸納新的資訊和增加，在這個時代裡，最基本的一些賺錢技能。

　　透過不斷的學習新技能，才有辦法可以提供源源不絕的新思維，知識就是力量，所以要不斷的去學習才有辦法在群裡跟大家分享新的乾貨。

　　社群矩陣的優勢就是先由每個「個人 IP」的打造，再讓每個人開群後去經營粉絲，最後將各群的粉絲導到大流量群後再分流到各人的群去相輔相成。

◀ 動態打造

　　那麼接下來，除了將自己的 IP 個人號打造後，然後也要把動態朋友群打理好，LINE 動態其實就是平臺，可以說是門店和購物平臺，自己的 IP 就是自己的門店，做好個人號，自己就是社交電商，可以在平臺跟群友們實現互動和交流。

　　每個人都要根據自己的目標受眾、用戶特徵，進行人物設定的定位，在動態不斷地發一些能體現自己的專業，然後參加了什麼樣的高端的活動，年會等等，這樣對自己的形象及信賴感，要讓別人一看到自己的 LINE 頭像及動態，將會感受到很真實，同時拉近距離。

　　自己要理解自己的客戶是長什麼樣子，他希望自己是什麼樣的形象，他喜歡什麼的形象修到什麼形象。這就是我所謂的人物設定定位。

　　形象設置有三個重點：

　　一、個人身分要突顯自己剛剛所說的人物設定，讓對方知道自己存在的價值。要給客戶看到自己的帳號，在第一時間內，出現對自己有價值的感受。

　　二、透過個性簽名和背景牆這兩個板塊來體現自己的專業及自己的價值。

　　三、自己的動態朋友圈，內容要去設計，要設定好的形象可以從頭像、個性簽名以及背景牆……等，自己的稱呼，建議是自己要取強調在此行業中的江湖地位。

　　舉例來說，我的個人設定是「LINE 群營銷胖達人」，在背景牆放很多我跟各國總統、名人、明星的合照，在動態朋友群也放很多積極正向很棒的文章，那 LINE 形象是什麼呢？是 LINE 社群的顧問，這樣的一種人物設定形象的目的是要教你「什麼

是 LINE 社群銷售」，針對一些也想學習銷售的客戶，看到我的
LINE 形象是個銷售顧問時，就會很想主動來加我為好友，我在
LINE 的形象就會產生一種尊貴的感覺，這樣的一種高端形象。

　　而這個江湖地位最好還要作個區分，不要進入已經有人占
據的位置，就像是我為什麼特別寫「LINE 社群」營銷，而不只
寫營銷達人呢？因為營銷專家已經很多人了，像是世界第一行
銷之神傑亞伯拉罕（Jay Abraham）、中國營銷教父劉克亞老師、
亞洲營銷鬼才陳帝豪老師……等，如果我自己再封營銷達人，那
就差多了，所以特別再多加「LINE 社群」，那就會是比較區隔
開了，這就是自己要找到自己區隔的定位，先占據某一個江湖地
位，因為「**沒有定位就沒有地位**」。

5-2
LINE 社群個人號八大技巧變現 DIY

⋮

LINE 群營銷胖達人陳韋霖

> 從人物設定到個人形象，好不容易打造好
> 個人號 IP，如何才能讓 LINE 社群裡的這
> 些群友們掏錢進行成交呢？

很多人對「如何開口銷售」常出現心理障礙，其實從陌生人到成交，慢慢地從零到一，從熟悉到建立信任的過程，就一定要透過成交才能繼續走下去。試想一下，最初被邀入 LINE 社群裡的這些人，一開始是怎麼來的呢？應是透過吸粉文案引流而來、參加免費活動、到最後成交到去其他的線下課程或活動。

📢 關係想提升，別忘點讚給評論

不過，也有很多邀進 LINE 社群的好友，無論是在自己的 LINE 社群裡或私 LINE 他，只要沒有聊過天，沒有太深入的交流過，其實，和陌生人沒有太大的差別，所以，是否應先和他認識，接下來再深入聊天，有一種跟人「混熟」的方法，也就是到他的動態去點讚給評論，進行關係的提升。

千萬別小看「點讚」、「給評論」這小動作，看似很簡單，畢竟加了好友或進 LINE 社群之後，一定要有機會去做交流，不管是點讚或留言，對自己都是慢慢熟悉的過程，比如當你發個動態、吃點美食，只要有群友們點讚，就會對對方漸漸有印象，有機會跟互動交流，使彼此之間更加熟悉。

試想看看，當自己一發動態時，這位新朋友馬上點讚，到了第二天再發動態，他還是點讚，連續第三天、第四天一直都是只要一發動態，立刻給點讚加評論，是否立刻注意到他了呢？如果此人評論的內容很用心，更容易引起注意力，如此一來，即可

和新朋友慢慢提升信任關係。

第一天先點讚，第二天又寫評論，也許到了第三天，開始慢慢有機會互動，在第四天時，很有可能自己便回覆他的評論了，甚至有可能在對話框裡交流，人和人之間從陌生到熟悉，即是如此簡單！我有很多學員，真的是如此漸漸累積而來，換言之，「人脈」即是從零到一的過程。

有時候，很多人在線下活動認識新朋友，好不容易有緣加上 LINE，後來卻也沒有再持續互動，時間久了，再也想不起來對方是誰，在哪兒認識，那多麼可惜呢？之前就有一位群友我對他印象相當深刻，只要動態發布線上課程的整理筆記後，他總是留言說很有收穫⋯等字句，看到也會回應「謝謝你」，後續發布其他課程內容時，也有多次留言回應，於是，便直接邀請他到 LINE 社群裡上課，他也會在 LINE 社群中保持互動關係，所以，慢慢開始產生一種信賴感。

每當這位新朋友一發現有課程內容不懂的問題時，也會在群裡直接發問，最後也會報名我推廣的課程，後續同時變成課程推廣的合夥人，由此可見，要拉近陌生人到合夥人之間的距離，即是從點讚評論帶來的黏性提升。

點讚、給評論有助於帶來信任度，不過，大家可能會認為點讚、給評論太過於簡單，實際上，也有很多經營小眉角，和大家分享如下：

一、堅持和用心

　　有人覺得點讚評論，即使點了好幾次，別人也不回覆，但只要連續給對方點讚，堅持三、五次以上，相信會確實能夠收到效果，不妨再多試幾回；然而，除了堅持更要「用心」，千萬不要對方發任何訊息都點讚。例如有個同業朋友，他的老婆突然往生了，只見有人也直接點讚，可見他沒仔細看內容，對發文者來說不但很尷尬，心裡亦會留下不好的觀感。

　　要做到堅持和用心並不難，只要仔細看清楚對方所發的內容，不要只點讚，對方既無感也無助於促進雙方交流，再給予恰到好處的回應或評論，才不會適得其反。

二、評論時要具體化和精細化

　　簡單來講，誇讚別人一定要具體，例如稱讚美麗不要只說：「你好漂亮！」，不妨改說「你的眼睛好大！」對方更能感受到觀察入微的細膩心思。

三、整個評論要能引起對方的互動

　　那麼，該如何引起他的互動呢？建議多強調疑問句或是感嘆句，而不要只用陳述句。舉例來說，今天所發的課程內容中，有提到「**營銷＝ 80％經營＋ 20％銷售**」，那麼，要如何解讀這句話呢？記得要發出疑問句，給大家有回應的機會，增加交流的次數，促進與雙方彼此的熟悉度。

因此，若期盼和別人能引起互動，多用疑問句勿用陳述句。

四、時間規劃

用固定時間把所有的點讚，評論全部進行一遍，最好用一天的某個時間，你整體使用 50 分鐘的時間，制訂時間點去作回覆，可能是每天固定是早上起床或中午的休息時間，把所有的點讚，評論全部進行一遍，一旦形成習慣及規律，對方也會自然地跟作回應。隨著用戶漸漸產生互動後，展開信任度的提升、認可，只要關係再熟一點，當點讚評論越來越多時，接下來，便能開始啟動行銷。

五、啟動行銷

在啟動行銷之前，必須讓潛在客戶對自己產生認可度。我將潛在客戶分為三大類，第一類是已購買過的，能不能通過跟他的聊天過程，讓他產生重銷機會；第二個是已加為好友，等到較瞭解多次之後，但是還沒有開始成交；第三個是剛剛加入，先和對方「混熟」，把關係熟悉起來。

六、售後回訪

有關第一類已購買的客戶，做到售後回訪問學員：「你去上的課，覺得如何？有沒有那裡不太懂的，有需要我幫你做解釋嗎？有沒有問題？」回訪要抱持著目的讓他覺得你關心我，幫我

作指導，可以提升好感，其次，產生聊天互動。

千萬不要在第一次售後回訪，便急著推銷其他產品，效果反而會很差。第一次回訪目的是：「我是善意、好心的，很單純的來關心你。」此外，購買一週到十天之後，再問對方後續情況像是：「有沒有效果，有沒有感覺？」給客戶感到很溫暖的關懷。

售後回訪有幾個要點，方法如下：

1. 在客戶的 LINE 上面做標籤

註記一下他的聯絡時間及重點，看到 LINE 時，才能清楚知道他是誰？要如何繼續進行追蹤，即是做好完整的客戶資料。

2. 在合適機會做順勢推薦

跟對方談論某話題時，都能搭上話題，而不是回訪後，立刻拿出新產品，不要把行銷做到太突兀。舉個例子，我上次推廣業務銷售力的課程，後續在回訪時，我問他學習情況如何，得到的回應都是：「每個客戶都要用顧問式銷售的流程，動作似乎有點慢，我又跟他提到了，如果想提升銷售的速度，公眾演說的課相當適合參加，因為可以一對多批發式銷售。」

根據他的需求，再提供對方解決方案，這是一種順勢推薦的概念，而不是一打電話關心他時，立刻賣下一個課程。

再以「美妝」為例，當客戶選購眼膜時，不妨問他：「你的眼睛不舒服嗎？還是怎麼了？」對方可能會回答：「黑眼圈比

較重啊！」此時即可順著他的話推薦：「你可以同步搭配眼霜，或是熱敷眼貼…等。」藉機推廣其他同款、同功效的產品，也是一種順勢推薦的概念。

3. 使用互補

比如做服裝的老闆，若能留意到客戶上一次買的是上衣和毛衣，這一次，跟他提有一款適合搭配的裙子，這就是互補。還有另一種方法即是更便宜、更多優惠，跟客戶說這一次剛好有活動，更划算、更優惠或送什麼東西。

透過這些方式，有助於激起客戶重複購買的「渴望度」，比如說周年慶、母親節、換季大拍賣…等，總之，要找出必須要買的理由。

想和用戶取得更好的銷售機會，還有幾個小方法；例如：透過他的朋友圈，或他的 FB 內文，進而瞭解這個人的喜好、看他常經過的地域而更加瞭解，當然要去幫他點讚、評論，找話題聊，也可以去問他對什麼感興趣，問他是否也熱愛學習，跟他建立聯繫；更重要的是，最好能別人一種真實感，而不是給人家覺得，只是隨手點個讚。

除了針對老客戶刺激重複購買以外，可以對新客人展開推廣，也就是提供新客戶福利；比如說，這個課程原價多少，現在有活動可便宜多少或多送贈品，因為首次接觸，所以會看在交情上多送禮物，藉由新客福利來吸引他來購買，此招是屢試不爽。

　　另一種情形是追銷常用的「苦肉計」，有些人在推銷別人時，推銷得太硬了，沒有溫度，所以，有時會用苦肉計！「我真的不願意去打擾你，不過因為老闆確實要求，必須要群發這些資料，很抱歉，如果沒有完成業績，會被扣薪的，如果有需要可幫我這個忙嗎？可以私發你小紅包，另外再送小禮物，以表達我的謝意。」

　　有時候，這些小方法還是很有用，因為告訴客戶，現在還沒有完成業績，需要有人幫忙，如果對方有需要，可以幫忙捧場一下，再私發小紅包或小禮物，這些小技巧，也會讓給別人感覺到生活不容易，會想要幫你這個忙。

◀) 一對一關懷建立深度連結

　　平常除了在群裡發訊以外，最好偶爾要一對一地去發訊，才能更建立與用戶之間的深度，一對一的成交率，比起群發的效益來得高很多。

　　平常除了要發訊息關懷舊用戶之外，也要養成隨時加好友的習慣，對於想把 LINE 社群經營玩出心得的人來說，流量池必須不斷增大，才能從中轉換出更多的成交人數，最好可以每天設定加好友的目標，需要不斷地有新人進入流量群，每天在 LINE 社群裡貢獻價值，從利他的角度出發，使對方認為此 LINE 社群有所價值。

個人號的形象設定完成後，緊接著要進行成交轉化了，實際上，想完成任何的成交轉化的目標，都不可能邀人一進 LINE 社群以後，立刻出現成交的結果，在中間都必須產生「信任建立」的過程。

透過對新用戶進行點讚及評論，對已購買者再進行重複銷售，至於還沒購買者，也要開口讓他產生第一次交易，除了銷售之外，平常更要一對一發訊，一直加好友，都是每天都要做的事情。

5-3
善用朋友圈 6 招做好 LINE 社群動態行銷   ⋮

LINE 群營銷胖達人陳韋霖

很多人都會使用動態，也就是朋友圈行銷，不過，若只是純粹洗版賣貨，效果會相當差，不但賣不出去，還可能遭人直接封鎖，直接刪除好友。

　　學會經營個人號，瞭解如何做好提升銷售和轉化，制訂維護客戶的計畫之後，即使連維護的頻率都設定好，如果只是單純跟客戶一對一聊天根本不夠，尤其有些客戶主動聯繫他兩、三次，每次聯繫只想賣產品，對客戶來說觀感也不好，因為，

　　任何的完美行銷，都是好幾個矩陣的聯合打法。

🔊 活用朋友圈增加關注度

　　所以，必須找管道來增加曝光，尤其是非常豐富的產品線，如何得到更多的關注度呢？實際上，朋友圈是很好的通路，因為放在朋友圈，對好友們來說，他們是被動看到，較不會感到被打擾。

　　凡是任何人去瀏覽朋友圈，只是想瞭解朋友們的最近動態，像是有哪些好玩的事，如果一刷發現全是廣告的資訊，即使是被動看到，一旦占整個版面時，也會覺得很困擾，可能會有股衝動想刪好友，因此也不要發過多。

　　此外，若所發的內容過於行銷，便和工商廣告過於相似，易令人感到沒有溫度，也容易得到反效果，好比接到推銷電話時，多數人都會直接掛掉電話，為什麼呢？畢竟每個人都不喜歡被推銷，所以，朋友圈也千萬不要一直狂發行銷的內容，不妨多發一些有溫度的內容，讓朋友圈玩得精彩又散發個人特色，是一件需要智慧的事。

如何好好經營自己的朋友圈，順利地進行轉化呢？只要掌握以下方法，即可把動態玩得很有溫度，再發朋友圈將會發現效果大不同！首先，要想清楚發朋友圈的目的和意義，並不是發一堆朋友，只為了發著好玩，畢竟發任何一條訊息時，都要朝向目標前進，而不是和目標背道而馳，讓別人覺得反感。

發朋友圈的目的，提供給大家下列三點做為總結：

一、進行個人品牌的打造

有人認為，發朋友圈就為了推銷產品，但是，換個角度想一下，都尚未得到別人的認同時，為什麼要購買自己的產品呢？所以，賣產品之前，先要塑造自己的形象，先把自己行銷出去，才會有人願意買產品，成交之前必須先有信任感，這些願意跟自己買的人，都是先認識自己，已有信任度之後，哪怕只是捧場，總之和他有建立關係，所以，任何服務或產品想成交，首先，得跟他有一定的關係，讓他認可你，讓他信任自己，才可能會把產品賣出去，那麼要讓別人去信任自己，認可的過程即是先塑造個人品牌，也就是說，成交之前，要先得到別人的認可。

二、加強好友關係

營銷等於 80％的經營加上 20％的銷售，換言之，跟對方打好關係，讓他喜歡自己之後，才能順理成章地銷售成功。所有成交的起點，都要讓別人喜歡自己，即是加強好友關係。

三、為了成交

從陌生到信任的過程中，最終目的都是為了成交，在朋友圈裡，能否順便創造出成交的機會，才是發朋友圈的目的，每條朋友圈的發文，都應圍繞此方向，先瞭解發朋友圈的目的和意義之後，才能針對目的去進行朋友圈的設計。

◀ 提升關係六大公式

因此，加強互動及提升關係與黏性，我總結六大公式，都是經由過去的實務操作經驗累積而來。

第一類、生活日常

從陌生人到朋友的第一步，即是先拉近距離，讓他們對自己有真實感，畢竟在 LINE 社群裡的群友們，很可能都沒有見過面，換句話說，和這些好友只是一群「保有聯繫方式」的陌生人，所以，千萬別老是發自己的產品或服務，否則，行銷是會變得相當缺乏溫度。

那麼，該如何打破缺乏溫度的瓶頸呢？一定是發個人的生活日常，讓別人看到我最真實的生活面貌，是個很親近、有溫度、沒有距離感的人，別人才會有好感，從好感度提升到信任度，舉例來說，今天去吃火鍋、去哪裡玩，把所有的日常生活和大家分享，唯有越真實，別人才會越認同。

所以，發一些真實的生活狀態，非常容易引起粉絲們的互動，越是日常生活，別人就會越喜歡自己。

像是週三路演的歡樂氣氛，看到很多人會在群裡進行點讚及評論，此過程就是互動的第一步，彼此從線上交流，到線下的實體活動聚會，也就是彼此關係進一步提升後，都有助於日後互動的質與量。

第二類、提問遊戲或互動

文章結尾不要常用陳述句，要常用疑問句或感嘆句，藉機讓別人去回覆，才有機會和別人互動，甚至多提一些問題或是一些遊戲化的對答，增加交流的次數。

舉例來說，動態裡傳一張滿桌美食佳餚的照片，並在社群裡提出問題：「猜猜這桌菜總共花了多少錢？」此時會開始有人展開互動，因為留下這疑問句，很容易產生和別人的互動，或直接從網上找一些小遊戲，很多內容可以隨時在朋友圈跟群友們互動。

發布這些有趣的訊息，肯定比發產品銷售的內容來得生動好玩，由此可見，只要內容能實際引起別人跟自己的互動，即可讓別人喜歡自己，藉由提問或遊戲增加互動的機會。

第三類、搞笑，幽默風趣

　　每個人都喜歡搞笑、有幽默感的人，比如說，平時發一些搞笑文章、笑話或是短影片，偶爾為大家的生活增加一些樂趣。

第四類、徵求協助

　　求助類其實跟提問互動很像，其實就是引起你互動，但是這個要比提問互動要更高一點就是，我在求大家幫我徵集意見，或者請大家幫忙，比如說，我有一次彈一段吉他的旋律，有誰知道這個旋律是什麼歌名嗎？但不要發太難的問題，以免沒人理你，可以用比較簡單的問題，讓大家更容易來跟你互動，再比如說，誰知道鄧紫棋翻唱 Beyond 那首「那雙眼動人笑聲更迷人。」的歌，叫什麼？

　　其實這首歌就是鄧紫棋的《喜歡你》那首歌的一句歌詞，然後下面就會一片回覆《黑風雷》、《喜歡你》對不對？就會有洗版似的評論，為什麼這樣就能夠帶動大家這麼多的評論？其實當別人去回覆這個《喜歡你》這三個字的時候，就已經知道自己陷入招數了，這就是徵集求助類的。

第五類、打賭

　　好玩的是，打賭也會引來很多的評論和點讚，畢竟人們都是愛看熱鬧的，舉例子，上次我們六個人去吃飯，點了滿桌子的菜，大概 30 幾道，拍了一張照片放上了朋友群，並且在上面

寫上：「不小心點了太多菜，你覺得我們吃得完嗎？來打賭一下吧！」後續就又是一堆刷屏了，是不是很好玩？打賭帶來的大家的互動，就只是為了讓朋友圈裡的這些吃友們，產生互動，讓他覺得這個人有意思很好玩，下次要吃飯時，就要找你，那麼目的就達到了，對嗎？

我相信比你發十條我產品有多好，很便宜，大家快來買，效果又要強好幾倍。

第六類、關懷溫度類

無論是 LINE 社群、一對一的聊天或朋友圈，大家都喜歡有溫度的東西，都喜歡你來關懷，有驚喜，讓我感動你對我好，我才能夠記住你，所以你的朋友圈也要有這樣的一些內容。

舉例子，我們上次幫一位群友過生日，把整個過程都錄影起來了，放在朋友圈裡，大家的回覆就是很有溫度，很讓人很舒服，比起純粹的行銷要好多了。

弄懂這六個方法，提升群友的好感，不管是天天發朋友圈，或進行產品介紹，最終做任何的事情，都是為了成交。

發朋友圈三大高效方式

發朋友圈三大高效方式有「快閃活動」、「點讚有獎」及「比賽 PK」，其中含有非常多的小技巧，具體方式是如何進行呢？

第一個方法：快閃活動

比如，此活動是限時取得，像是限時 30 分鐘，然後放出很寶貴的資料，僅限今天晚上有在線上參與的，或是限時開始 30 分鐘，然後時間一到就收回，因為只有這樣子，剛好在線的朋友有拿到的人會覺得說我占了便宜，然後沒有拿到的人會覺得好遺憾，為什麼沒有關注資訊，那我下一次一定要關注，這就是欲擒故縱的手法，他會覺得我失去了機會，所以他會更加的願意去關注。

第二個方法：點讚有獎

舉例來說，有什麼活動可以點讚，若是點讚第八位、第十八位，皆可免費送一本電子書，只要做這樣的活動，評論的人就會特別得多，要把點讚和評論的截圖貼上來，並貼送他禮物的截圖，是否又達到互動的效果呢？這些意外中獎的人肯定會相當開心，這些都是 LINE 社群經營小技巧。

第三個方法：比賽 PK

若想使 LINE 社群經營保持相當熱絡的交流，不妨玩些 PK 比賽，那麼，該如何進行呢？比如，大家可紛紛上傳兒子或女兒的可愛照片，讓群友們進行點讚及投票，得票數最多者，會得到什麼獎勵呢？其實，比賽過程是動用參賽者的人脈幫自己宣傳，因為他要想得到名次，需要號召很多人點讚及評論，吸引大家參與此活動，因此很多商家對舉辦 PK 比賽樂此不彼。

比起朋友圈發產品的內容好太多了，即使只是舉辦小小的活動，可能有幾百甚至上千人來看，甚至有很多參賽者會非常賣力地去宣傳，即是一種借力來裂變。

發朋友圈的目的，是為了讓別人從不反感到喜歡自己，因此，要加強關係聯繫，應用六大公式、三大方法，並圍繞著三大目的；如果到最後，朋友圈還是不知道放什麼內容，不妨把現有的動態轉化成自己的內容，也是其他發朋友圈的內容延伸小技巧。

5-4
如何用 LINE 社群做到精準行銷？

⋮

LINE 群營銷胖達人陳韋霖

> 如何做到「精準行銷」？以追女孩子為例，是不是對方喜歡什麼，你就給她買什麼？比如說他喜歡粉色的，買東西時即首選粉色，或是她不敢吃辣，如果天天帶她去吃非常辣的食物，當然最後的結局可想而知。

　　若和喜歡浪漫的人，約會時是否會選擇有浪漫氣氛的地方呢？這跟談客戶有關係嗎？當然有，而且關係非常大！想要業績達陣，必須迎合每個客戶的不同喜好和需求，整體來說，只有瞭解客戶的喜好，進而推薦他喜愛的事物，因為，只有推薦別人喜歡且想要的產品，成交率才會高。

🔊 投其所好推廣無往不利

　　舉例來說，不愛學習的人，若一直鼓勵他去上課，不管給他再多的學習電子書，對他都是完全沒用的；或是對方每次只用100塊錢買衣服的人，如果天天去推銷幾萬塊錢的貂皮大衣，根本是緣木求魚；或是向一位連飯都吃不起的人，提供房產投資的訊息，也是白費力氣；上述都是客戶不想要的，即使再努力推廣也徒勞無功。

　　有時候，並不是不夠努力，而是方向不對、努力白費！有鑑於此，要先做正確的事，再正確的做事，先想辦法瞭解對方要的是什麼，如果推銷的產品是對方完全不需要，等於一開始推廣的方向錯誤，再如何努力都會不如預期，產品賣不出去，也是可以預見的結果。

　　為什麼要建立人物畫像呢？對他做標籤、改備註、改名字，直接看他的資訊，做標記，即可直接記住他，甚至他之前買過什麼，他喜歡什麼？甚至可以用1234來代表他的購買次數。如果

他還沒買，就要對他進行第一次購買的動作，如果只買過一次，則要啟動重銷的動作。

◀ 建立人物畫像三步驟

第一步：改備註

每次加好友時，要先改備註；包括會員等級、購買內容、姓名、電話、居住地域……等，像是臺南、臺中、高雄……等直接放在他的名字裡。

總之而言，一定是非常重要的資料，例如參加「打造賺錢機器」的課程，當天所有認識的學員姓名前面都會標註「賺錢」兩字，未來要群發時會較好找，這是第一步，先改備註，且一定要放這些關鍵資訊，以便日後和對方互動時，才能更加得心應手。

第二步：打標籤

根據客戶的訂單去下「標籤」。標籤要越細緻越好，即可做到行銷越精準，比如說標籤他的購買記錄，在名字後面放「裂」字，代表他是我的班主任，放個 VIP，是跟我買過創富的課，放個文案，代表他有買過文案課，即可瞭解他還沒有買過什麼，再採取下一步適當的行銷措施。

第三步：加描述

放一些在標籤和備註以外的訊息。比如生日、工作、電話……等，甚至他喜歡什麼類型的課程、有幾個小孩……等皆可描述，資料越多越好，每個資料最好都根據這流程做到這些畫像。

建立畫像之後，後續才有利於做到精準推送，也就是說，根據標籤一次轉傳這些訊息。例如之前在創富的課程裡，加完他們好友並做完標籤後，即可一次對這些標籤作轉傳，而不是每個人都傳，因此又稱為精準推送。

針對這些已做好的標籤，較清楚知道和對方聊什麼話題，讓他知道在哪裡認識他，容易產生好感進而延伸出轉化，以便更有計畫地維護客戶。因為建立畫像後會非常清晰，可針對對方感興趣的話題聊天，甚至進而銷售，而且分批建立畫像的好處在於方便有計畫、規律的群發，做到重要的客戶經營，不重要的客戶即刪除。

設好標籤不但可節省人工時間，更能提升效率，亦可調整產品結構，換言之，依照標籤可從消費者的喜好來推薦，什麼產品較適合賣給他。由此可見，經過設定標籤，即可非常有規律地維護精準客戶，進而提升工作效率，達到更高效的產出。

第六章

LINE 社群經營人氣銷售終極版

6-1
驚喜行銷！LINE 社群也有高級 VIP

 LINE 群營銷胖達人陳韋霖

LINE 社群經營不只需要創造高人氣，經營的最高法則更必須達到「行銷升級」的境界，使客戶不斷地自掏腰包，只願意在此 LINE 社群被成交，持續重複購買，只要抓住兩個祕訣，讓他們不再去其他的競爭商家消費，甚至帶來源源不絕的轉介紹。

若期盼大客戶不停地在只和自己買單，並帶來轉介紹，必須特別費心為客戶創造驚喜，在沒有事先告知的情形下，突然為他做一件非常感動的事，那就是驚喜！也就是「精緻化服務」，這種效果讓客戶既開心又感動不已，還答應了其他的各項請求。

鐵粉製造機——精緻化服務

如果讓客戶既感動又驚喜，他就會不停掏錢購買！舉例來說，在維護客戶的過程裡，不但要密切的關注客戶動態，從而找到和他的互動點，更要經常看朋友圈點讚、寫評論，一旦發現此客戶的生日時，不妨提前找一堆朋友一起為他慶祝生日，策劃前所未有的生日 Party。

除了買蛋糕，還要為客戶準備特別的禮物，甚至找到對他別具意義的重要人士一起慶生，給他出奇不意的驚喜，更會感到莫名感動，打從心裡不停感謝，立刻把這場慶生趴發布在朋友圈，等於是無形宣傳，當他的朋友圈有相關行業的需求時，馬上會想到自己，也是精緻化服務的價值。

不只是生日 Party，任何為客戶製造的一連串驚喜，從頭到尾都是經過精心策劃的過程，只要在客戶的心中留下深刻的印象，未來他勢必非常努力地持續回饋，忠誠度一路從一般粉絲升級到超級鐵粉。

私人訂製打造尊榮感

除了「精緻化服務」，另一種是私人訂製服務，亦可用在為客戶評論、點讚時，特別標註客戶的名字，讓對方覺得自己很專注地和他對話。比如說：「你好，韋霖老師，由於平時你都很忙，也會熬夜晚睡，現在有一款產品，特別適合像你晚睡的人使用……」如此一來，不僅使看到的人覺得用心，亦深感對方跟自己講話，這便是私人訂製服務。

所有的對話訊息，都是為了他量身訂做，使他備感到面子十足，從專屬的名字、問候到祝福，都令他享有極度的尊榮感、彰顯身分及優越感！當服務這些貢獻大的客戶時，要提供私人客製化服務，產品印有他的名字，甚至登門拜訪送到府上，才能令他感動至極。

此外，若能 DIY 像手工皂、羊毛氈、手機吊飾……等文青型的禮物，而不是上網訂購商品，特別為客戶展現好手藝，這份禮物對他將是獨一無二的另類驚喜，甚至他將和自己的合照，放到朋友圈，提到這驚喜令他多麼高興，更可能把親戚朋友，都介紹過來，使他產生大訂單，那麼他的朋友們，也會是一些什麼樣的人呢？

這就是裂變，把人情做裂變，送客戶自己做的禮物，客戶為了感激這份情，將會主動幫我介紹人脈，從他那裡引流而來的裂變品質，原則上，也將是非常優質的人脈。

打造高級 VIP 的至勝祕訣

　　無論是精緻化服務或私人訂製，還有一項不可忽略的小細節，若遇到節日的祝福時，一定要讓別人覺得是親手為他量身打造，而且是一個字、一個字敲上去的，少用複製貼上的罐頭文字，否則，一看便知是別人轉發的！

　　由於罐頭文字，客戶一定也接到不少，當他看到複製貼上、群發的節日問候時，誠意便減少許多，但是，如果有人告訴我：「韋霖老師端午好，記得吃粽子不要配冰開水，以免腸胃不適，祝你越來越瘦……」這樣的問候語，將會讓我記得他，一看即是為自己而寫的，肯定不是罐頭訊息，接下來他問的每個問題，都會給予最用心的回答，這就是「驚喜化服務」所帶來的神奇結果。

　　針對節日祝福也有些小竅門，包括量身訂做的文字內容，再加上對方的名字，畢竟大家都喜歡被別人用心對待，尤其對客戶更要細心照顧，這點非常有效，一定要把客戶當成朋友，真誠地去服務他、維護他、對他好，使客戶打從心裡覺得這個人真的很棒，那麼，客戶便會有非常多的大訂單當成回饋。

　　策劃一套精緻化服務，讓客戶成為超級鐵粉，藉由「精緻化服務」及「私人訂製」的超級 VIP 售後服務，使他無法再向競爭對手買單，那麼，過去長期費心經營的人脈投資，將換來源源不絕的訂單回報。

6-2
LINE 社群也有會員制？

LINE 群營銷胖達人陳韋霖

如何不斷激發潛在客戶的消費潛力？打造會員體系，讓客戶不會成為競爭對手的粉絲，也是「行銷升級」的方式喔！比如客戶在一開始，只有 1000 塊錢的購買能力，能否激發到消費 10000 元，甚至更多。

　　若想讓別人不斷地按照自己的想法去行動，最佳方式即是提出利益刺激他，那麼，又該用什麼利益來驅動客戶呢？即是「會員」和「分銷」。

🔊 LINE 社群經營採會員制創造服務差異化

　　一般會員制的地方常見於購物網站、百貨公司……等，不過，為何 LINE 社群經營也要進行會員制呢？原因是藉由會員的專屬權益加以激勵客戶，不斷地購買更多產品，讓他買得越多，獲得的價值也越大，進而獲得更多權益。

　　這即是運用利益去刺激他不斷消費，讓客戶經由儲值，每儲值多少即提升一次客戶等級，藉此為他創造身分上的區別，至於消費越多的那群客戶，一定要給他「身分」，讓他覺得自己是 VIP，和其他人是與眾不同，積極為客戶創造尊榮感，突顯其服務品質的差異化，從這種心理感受去操作，便能深得人心。

　　加入會員之後，不只是購買時享有更高折扣，或獨享更高權益，還有會員日，可以參加特別的秒殺活動，累計一定的積分後，再兌換特別的商品或獎品，或利用積分抵消費……等，僅需消費累積滿多少金額，又可享有每個月的來店禮。

　　經過精心安排的鎖銷設計，提升客戶的購買頻率，甚至讓客戶完全不會想再去競爭對手的店家購買，因為他已儲值了一定金額，客戶必須用完先前的儲值金，無形中，為了消化儲值金，

進而大幅增加消費頻率。

🔊 落實分銷機制帶來轉介紹不斷

另外，特別的設計即是分享賺錢，只要把產品分享給朋友，朋友若是購買，即可返回利潤多少，即是「分銷」，而要如何打造分銷體系呢？

打造分銷體系的目的，是為了讓客戶心甘情願地協助轉介紹，和會員體系不同的是，讓客戶自己本身不斷地產生更多的訂單，但客戶也有親朋好友，是不是也有相同的消費需求呢？

將客戶的親朋好友們帶到店裡消費即是「裂變」，換言之，已成交的客戶不光是裂變幾倍、甚至幾十倍都有可能，都是從已成交的客戶做為起點。

那麼，如何才能讓這些客戶帶人過來呢？即是分銷體系要討論的內容。

簡單來講，只要介紹朋友過來有成交就會有分潤；比如直接給現金，讓他有一種感受是：「做生意開店，我來服務，開店成本是我的，你什麼都不用投入，只要引導人來店消費。」不用投資任何資金，純粹介紹分享，即可用人脈賺到錢，每次帶人來消費即可得分潤，由此可知，帶越多人來便賺得越多。

只要分潤機制一談妥，客戶便會拚命介紹他的親朋好友，甚至可以設計作到二級分銷，換句話說，當客戶介紹的朋友小明

進來時，小明再介紹他的朋友小花，客戶還可以再領一次輔導獎金，不光有自己引流而來的客戶可分潤，連這些客戶帶來的客戶，居然也能得到分潤。

甚至可以提供這些潛在客戶更特別的權益，也就是分銷的身分進階，只要帶來的潛在客戶越多，達到設定的條件，獎勵會比以前還要更高的利潤。

例如，原來帶來人的分潤是 1000 元，只要自己帶來超過 20個人，後續再多帶人，分潤即可多賺 500 元，也就是說，每個人從 1000 元變成 1500 元，這種設計，將促使潛在客戶更加努力去推廣。

總體來講，「分銷體系」透過利益不斷地刺激自己的客戶，介紹自己的親朋好友，不斷地擴大推薦，換句話說，運用所有客戶不斷再幫忙轉介紹，由他來進行成交，把自己的生意變成大家的生意。

所有人都在幫忙邀人，大家一起賺錢，即是互利共贏的過程。只要瞭解整個分銷邏輯，和別人分享利潤，將發現生意會加速倍增，當大家都幫忙推廣分享，生意怎麼會不見起色呢？

◀ 招募分銷商二大關鍵

一、分潤條件

以白字黑字寫清楚,雙方在分潤有共識的互信基礎下,才不會產生後續的紛擾。

二、工具設置

先別期望分銷商研究清楚公司的產品與服務,一定先協助分銷商,提供銷售的工具,例如:公司網頁、話術、文案……等,還有專屬的銷售頁及銷售連接提供給分銷商,才能使他們更輕鬆、容易地進行推薦的動作。

只要讓分銷商將邀請連接發給到別人,即可讓別人成為他的客戶,透過他的邀請連結點擊購買之後,便能參與分潤,享受佣金返還的利益,或是當他推薦的數量越多,返還利益越增加,再提供進一步的升級設計,達到什麼條件,權益能變成多少。

讓分銷商一目了然,讓他很清晰的看到自己賺多少錢,也很清晰知道,離下一次升級的目標還有多少業績,只要能作到這二點,讓分潤商能夠輕鬆的操作,那麼,想做到多少銷售額皆可預期。

由於我的產品即是課程,也就是知識付費,這比產品更好分銷,為什麼?因為知識付費是讓別人學技能,亦是投資自己,由於很多人都喜歡學習,因此分銷會更加容易。

　　過去我一直用「班主任學習群」在分享操作經驗，群友們可經由「班主任課程」學習到建群，直接經營自己的粉絲，然後透過在自己的群再開發購買「班主任學習群」的課程直接賺錢。換句話說，只要群友們先透過班主任群學習所有知識內容，只要用複製貼上經營群，其他皆由我來負責，從輸出到服務一條龍作業，邀請別人來聽課即能賺錢，並且提供高達 50％分潤，自己什麼事都不用做，甚至班主任們，跟著我操作其他老師的課程，一樣都能得到分潤，這個操作就是知識付費的分銷機制。我的課程為例，實際上，透過分銷讓所有客戶幫自己銷售，讓自己的生意變成大家的生意，藉由分潤機制培養更多人協助銷售，讓所有業務皆可狂銷熱賣的方法。

　　以上就是全系列的社群大課，如果你能一步一步的落地實操，相信都能在社群裡作到發光發熱的結果。

　　最後你也可以加入我的好友，可直接在線上作諮詢。

　　但加入要標註「課程」，我就會通過了。

LINE 社群營銷實戰寶典

揭開直接輸出方法、公開學習思維、給予有效使用工具
只要持續實作，小白也能成達人

作　　　者／陳韋霖
美 術 編 輯／孤獨船長工作室
責 任 編 輯／許典春
企畫選書人／賈俊國

總　編　輯／賈俊國
副 總 編 輯／蘇士尹
編　　　輯／高懿萩
行 銷 企 畫／張莉滎・蕭羽猜

發　行　人／何飛鵬
法 律 顧 問／元禾法律事務所王子文律師
出　　　版／布克文化出版事業部
　　　　　　臺北市中山區民生東路二段 141 號 8 樓
　　　　　　電話：(02)2500-7008 傳真：(02)2502-7676
　　　　　　Email：sbooker.service@cite.com.tw
發　　　行／英屬蓋曼群島商家庭傳媒股份有限公司城邦分公司
　　　　　　臺北市中山區民生東路二段 141 號 2 樓
　　　　　　書虫客服服務專線：(02)2500-7718；2500-7719
　　　　　　24 小時傳真專線：(02)2500-1990；2500-1991
　　　　　　劃撥帳號：19863813；戶名：書虫股份有限公司
　　　　　　讀者服務信箱：service@readingclub.com.tw
香港發行所／城邦（香港）出版集團有限公司
　　　　　　香港灣仔駱克道 193 號東超商業中心 1 樓
　　　　　　電話：+852-2508-6231 傳真：+852-2578-9337
　　　　　　Email：hkcite@biznetvigator.com
馬新發行所／城邦（馬新）出版集團 Cité (M) Sdn. Bhd.
　　　　　　41, Jalan Radin Anum, Bandar Baru Sri Petaling,
　　　　　　57000 Kuala Lumpur, Malaysia
　　　　　　電話：+603-9057-8822 傳真：+603-9057-6622
　　　　　　Email：cite@cite.com.my

印　　　刷／韋懋實業有限公司
初　　　版／2021 年 2 月
定　　　價／380 元
Ｉ Ｓ Ｂ Ｎ／978-986-5568-22-1

城邦讀書花園
www.cite.com.tw
布克文化
WWW.SBOOKER.COM.TW